預約實用知識，延伸出版價值

共感經營

共感経営

「物語り戦略」で輝く現場

野中郁次郎｜勝見 明——著 李友君——譯

目錄 CONTENTS

第二章 創新誕生於「共感、本質直觀和跳躍性假設」

推薦序

難以替代與模仿的競爭優勢——共感經營

國立政治大學企業管理學系教授兼商學院 EMBA 執行長
黃國峯

Empathy 是指共鳴或同理心（本書又譯「共感」），是一種將自身置於他人的角度，理解或感受他人的想法，同理心能激發人與人之間的情感連結。企業的經營管理有很大部分比例是在處理人的問題，故若能用共鳴或同理心來管理人的相關議題，相信對於企業經營有莫大之助益。

一般企業經營涉及到的利害關係人包括：員工、股東、消費者、客戶和供應商等，若在處理這些人的議題上能多加運用同理心，相信不僅可以解決許多經營管理上的問題，甚至可以創造出本書所謂的共感經營。舉例來說，企業若站在員工的角度來思考生活與生產力間的平衡，就能創造出幸福企業之歸屬感，員工對企業更加認同，生產力與貢獻也隨之增加。

從消費者端來看亦然，例如賈伯斯時代的蘋果公司（Apple Inc.），因為站在使用者的角度思考消費者的行為，所以蘋果的創新總是能精準地捉住消費者的潛在習性，例如觸控面板設計造成平版電腦與手機的大革命。

共鳴或同理心可能也會強化社會心理學的網絡外部性效益（或稱從眾效應），例如朋友會一起使用相同的社群平台：臉書（Facebook）或Line等，或是六到十二歲的小朋友會互相追求迪士尼或Hello Kitty商品等行為，這都是共感經營的案例。

此外，愈來愈多社會企業利用共鳴或同理心從事社會新創事業，例如幾年前臺灣的鮮乳坊，因食安事件訴求「自己的牛奶自己救」，試圖改變不公平的收購價格，吸引許多消費者認同他們的理念，進而支持他們的品牌。還有社會影響力製造所（Impact Hub Taipei），運用一般民眾、政府機構及民營企業對於社會議題的高度關懷，共同協助社會新創事業成長與茁壯，都是共感經營的展現。

共感經營愈來愈重要，但我們要如何來實現這樣的理念？本書的重要貢獻在於兩位作者用說故事（日文稱物語）的方式闡述共感經營，透過九個日本案例說明如何讓相關利害關係人產生共鳴與同理心，進而達到企業所設定的營運目標，而這樣的「共感」也成為不可模仿與不可替代之持續性企業競爭優勢的來源。本書值得二十一世紀企業經營者好好研讀與學習。

前言

什麼是共感經營？

經營企業或推動業務時，以共感為起點直觀[1]事物的本質，過程當中推導出「跳躍性假設」，以帶來創新或達到巨大的成功。即使在這段歷程當中，共感也會介入各種局面，共感的力量會成為驅力或推動力，推動單憑邏輯推動不了的事情，達到單憑分析描述不出的目標。這就是共感經營。

這份共感會顯現在各種關係當中，例如對顧客的共感，對高層、主管或團隊成員的共感，團隊成員之間的共感或顧客對企業的共感等。

共感經營以人與人之間的共感為本，當目標為他人時，透過全心全力面對此目標，在物我合一的境界下徹底變成他人進而模擬事物，就會形成共感的世界。

受到本書作者尊敬的「管理學之父」——彼得・杜拉克（Peter F. Drucker），在他的著作當中預測二十一世紀「知識社會」將會到來，且「知識才是唯一有意義的管理資源」。並且指出組織將面臨轉換期，必須從知識的觀點重新反思，而非以事物或資訊的角度考量。

況且，眾人早已期待新的理論出現。他進一步表示：「現在我們需要的是一套經濟理論，將知識放在財富創造過程的中心。」而野中郁次郎建立的知識創造理論響應這項要求，將知識定位為除了人力、貨品、財力和資訊之外，最重要的管理資源。

另外，這本書還會提到共感是「第六項管理資源」，分享無法用言語或數字表達的思想、理念或其他內隱知識。

為什麼經營企業或推動業務時，共感具備重要的意義呢？以下提出兩個很有意思的例子，說明共感是人類的活動或行動中不可或缺的要素。第一個例子是兩位作者的實際採

1　雖然也有「直覺」一詞形容「依靠本能瞬間用心感受事物」，不過這本書是在「直接洞見事物本質」的意義上使用「直觀」。

訪，將日立製作所的人工智慧（artificial intelligence, AI）——「H」用於客服中心的實驗。以電話為溝通媒介的的客服中心，一天的接單率依日期和據點而異，最多可以差到三倍。因此，該公司決定利用約一個月的時間，讓接線生佩戴頸掛式名片大小的名片型感測器，調查左右接單率的因素。此感測器會以加速度感測並記錄佩戴者細微的身體活動，藉由紅外線感測器感測他們在何時、何地跟誰接觸，且接觸多久的時間，再將收集到的資料交由H分析。

過去的研究顯示，人類的身體活動和自身的幸福度相關，幸福度高的人，能長期維持發言、聆聽、步行、打字或其他等舉動，幸福度低的人則往往相反。

而這項新的實驗結果也顯示，接單率的高低和接線生的技巧沒有任何關聯，變動的主要原因與接線生當天幸福度的變化有關。幸福度高於平均時的接單率，比幸福度低於水平時多出百分之三十四。

而且，此實驗也意外查出影響客服中心接線生幸福度的因素，那就是休息時間時接線生的身體活動活躍度。在休息時間接線生熱絡閒聊的日子，整個客服中心團隊的幸福度就會提高，接單率也會高。

另外，實驗還揭露一項休息當中熱烈閒聊的因素。資料顯示，主管在工作中適當的提出建議或鼓勵，在接收到主管的鼓舞或加油後，團體幸福度就會所增加，接單率則會提升百分之二十以上。

另一個例子則是關於家居中心，人類和人工智慧H哪一邊能提升銷售額的競賽實驗。人類方由兩位在物流業擁有實績的專家擔任。專家從公司和店鋪的訪談、現場觀察和事前資料當中，選定LED（light-emitting diode）燈泡和其他主力商品群的位置，用顯眼的展示架陳列，設置POP（point of purchase）廣告。

反觀在使用H的實驗當中，則是要求店長、門市人員和顧客協助配戴名片型感測器，監測購物時相關人士的行動再分析資料。

為期十天的實驗中，除了輸入顧客、工作人員身體活動或店內行動的監測資料之外，還會輸入銷售時點情報系統（point of sale, POS）的銷售資料或店裡商品的配置資訊。

結果，H為增加銷售額提出了意外的答案——讓工作人員待在店裡特定的地方。H預測，賣場入口正面通道的盡頭，當工作人員滯留的時間每增加十秒，店內顧客的平均購買金額會上升一四五日圓。

一決勝負的一個月後，Ｈ獲勝了。專家想出的對策幾乎沒有替銷售額帶來影響，反觀Ｈ指示工作人員盡可能待在那個位置（也稱「高敏感點」），統計顯示滯留時間增加一．七倍，整家店的顧客平均消費也提高百分之十五。

另外，資料也顯示出各式各樣的變化。工作人員長期滯留在高敏感點，最後接待客人的時間會普遍增加，接待客人時的身體行動也較活躍。值得注意的是，周圍的工作人員接待來店顧客的場面變多後，看到這一幕的顧客身體行動活躍度也會提升，滯留時間因此增加，進而繞到很少人去的高價商品展示架，購買金額增加的效果就顯現出來了。簡單來說，更動工作人員的配置會給店裡帶來興旺，提升業績。

令人驚訝的是，Ｈ在預測顧客的購買行動，是以定量方式監測顧客與工作人員應對並加上其他周圍狀況的交互關係，推導出人類想不出的假設，甚至比人類還像人類。由此可知，解開這兩個實驗結果的關鍵字是「接觸」和「共感」。

客服中心的主管對接線生提出建議或鼓勵時會有所接觸，進而彼此湧起共感，休息時接線生之間的閒聊也一樣。另外，家居中心的顧客也會和在附近接待客人的工作人員之間有所接觸，進而對工作人員接待客人的模樣產生共感。

接觸和共感讓客服中心的接單率增加，在家居中心則連帶提升顧客購買物品的單價。這兩項實驗結果顯示接觸和共感如何驅使了人類的活動或行為，尤其共感更是明顯。

人與人之間的共感，肉眼當然看不到。如果能像夜視鏡一樣，有個類似「共感護目鏡」能看得到肉眼看不到的共感線，就會發現共感的世界在客服中心和家居中心當中，散發燦爛奪目的光芒。

所以，為了提高客服中心接線生的產能，就要增加主管的建議和鼓勵；為了提高家居中心的銷售額，就要讓工作人員站在高敏感點，增加與顧客的接觸。人工智慧從龐大的監測資料中找出特定的模式，得出「真正的答案」。以上兩個點子都不是由邏輯或分析推導而成。邏輯分析的解決方案，客服中心會是強化技能教育，家居中心則會像專家的想法一樣，將發展的重點放在分析主力商品群上。

那麼，人該怎麼找到「真正的答案」呢？這時需要的就是共感經營學。

站在對方的立場，進入對方的情境中，而不是從外部分析對方，觀點就會從「在外部看」切換成「由內部看」，能夠直觀以往沒察覺到的事物本質。而在直觀事物本質的過程中，想法就會跳躍，推導出跳躍性的假設。

假如是客服中心，營運負責人或主管就要與接線生共感；假如是家居中心，店長或工作人員就要與顧客共感，直觀本質，推導出跳躍性假設，找到「真正的答案」，這就是共感經營的做法。

人際關係的本質是共感。這本書會以九個實例和三個參考案例，指出企業管理或業務當中的創新或巨大成功，是透過「共感→本質直觀→跳躍性假設」的歷程實現，而非邏輯或分析。

而共感、本質直觀和跳躍性假設是什麼，追溯這些歷程之後為什麼就能實現創新或巨大的成功，透過野中提倡的知識創造理論說明共感經營的做法，就是本書的宗旨。

再者，根據案例指出，依照市場資料的「分析策略」（analytical strategy），很難以共感為起點產生創新。這時就需要「敘事[2]策略」（narrative strategy），針對「此時此地」的狀況，次次做出盡善盡美的判斷再執行。

另外，敘事策略怎麼形成，又該怎麼實踐，則要從「情節」和「腳本」這兩項要素闡明。

締造共感經營需要什麼樣的管理？推動敘事策略應有的條件是什麼？這時要萃取將創新化為可能的知識方法，也就是知識創造的思考和行動模式。

這本書的特徵在於結合具體案例和理論進而解讀，這只有由撰稿人和商業學者搭檔寫作方能實現，且這樣的搭配造就出本書的獨特性。

作者從二〇〇二年起的十八年來，就在探討人力與組織的管理雜誌《Works》上，持續共同連載「成功的本質」，取材日本企業和組織的創新或成功案例。目前為止，報導過的案例多達一〇七件（截至二〇二〇年四月）。

過程當中還根據案例，出版《創新的本質》、《創新的做法》、《北京的蝴蝶，東京的蜜蜂：了解創新的最後一本書》和《全員經營》。

而這本書從過去五年來取材自現場的案例中，精選出透過實踐共感經營、執行敘事策略，達成創新並獲得巨大成功的例證。所選擇的案例個個都是讀者高度關心，具社會矚目度和話題性，兩名作者也對於出現在其中人物的做法懷有強烈的共感。

2　本書不以名詞形式的「故事」，而是以動詞形式的「說故事」概念化後的「敘事」表示。

案例研究由「敘事篇」和「解釋篇」組成。敘事篇採取紀實形式，解釋篇則一改文風，採取「經營講座」的形式，由兩名作者為讀者講解。編排概念是要在閱讀個案之後再聆聽講座。

敘事篇由撰稿人勝見明執筆，解釋篇的經營講座則由管理學家野中郁次郎負責理論說明，勝見也會適度增添內容，以這種方式建立架構。另外，登場人物的頭銜原則上使用參與該工作時的稱呼，敘事篇會省略敬稱。資料已依照需要更新為最新版本。

殷切期盼這本書能夠獲得讀者的共感，幫助各位推動共感經營及敘事策略。

序章

由共感和敘事交織的經營學

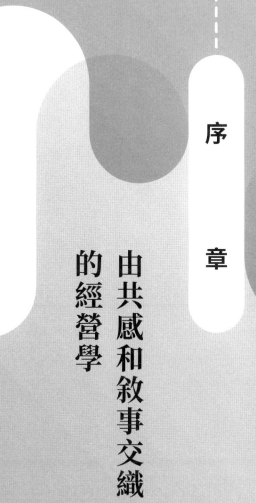

亞當・史密斯早在二六〇年前就提出「對他人共感」的重要性

作者野中郁次郎於二〇一九年七月受邀參加會議。這場會議為期兩天，於經濟學始祖亞當・史密斯（Adam Smith）位在英國愛丁堡的故居舉行。

此次會議的主題是「資本主義的再建構」，由美國加州大學柏克萊分校哈斯商學院（University of California-Berkeley, Haas School of Business）與愛丁堡大學商學院（University of Edinburgh Business School）共同舉行，前者是野中留學取得博士學位的母校，約有三百名來自各國學有專精的學者、政策負責人和企業家參加。

當以本國利益為優先的「新重商主義[3]」擴散到世界之際，資本主義和全球秩序會如何改變？就在不斷議論之下，最受矚目的問題是「現在是否該回到亞當・史密斯的原點？」。

提出這個問題的中心概念不為別的，就是為「對他人的共感」。

如果個人追求利益，就會藉由「看不見的手」（調整市場價格的機制）導向社會利益。這也是一般人眾所周知、提倡自由競爭效用的史密斯在其著作《國富論》（*The Wealth of Nations*）中的主要訊息。

然而，強調自由競爭之下，會導致社會過度傾向股東資本主義，產生扭曲。由於對資本主義現狀的危機感，會議轉而關注史密斯撰寫代表作《國富論》的十七年前，奠定其思想基礎的處女作《道德情感論》（*The Theory of Moral Sentiments*）中所展示的人類觀和社會觀。

史密斯一生寫過兩部作品。一七七六年出版的《國富論》是談論經濟學，一七五九年的《道德情感論》則在探討道德倫理體系。史密斯在《道德情感論》當中，說明人類心靈作用的本性是「對他人的共感[4]」。

基於「對他人的共感」將會導向社會紀律（discipline），再藉由「看不見的手」形成更好的社會，接著在此基礎上建立自由競爭，促進社會的利益。從應當重新認識史密斯提倡的「對他人的共感」和基於這點塑造的社會紀律為出發，會議上提出共感對顧客的重要性及偏重股東資本主義，追求股東價值最大化的謬誤。

3　重商主義是在十六至十八世紀之間盛行的經濟理論，由亞當．史密斯提出，目標是使國家富足與強盛，藉此獲取更多的境內經濟活動。儘管經濟學家普遍認為重商主義時期已過時，但也因此衍伸出「新重商主義」，認為在國家界限分明、貧富力量懸殊的情況下，重商主義所代表的精神仍然存在，不過是採取新的方法與手段。

4　也有譯本翻為「同理」、「同情」或「同感」。

而且，除了顧客之外，員工的定位也成為議題。過去以股東價值為優先，導致員工被當成用過即丟的「人力資源」（human resource），工作的尊嚴遭到剝奪。然而，以知識為資源的知識社會當中，員工對團隊的重要性增加。員工之間或經營者和員工之間的共感，將能成為產生新知識的原點，認知就會煥然一新。

美國經濟界也宣告「揚棄股東至上主義」

在會議隔月，也就是二〇一九年八月，美國最大規模的經營者團體「商業圓桌會議」（Business Roundtable）發表聲明，就像是呼應愛丁堡會議的結論一樣。

這項宣言從根本上對以往的「股東至上主義」另眼相看。他們提出利害關係人的優先重視順序為：顧客、員工、業務夥伴、社區和股東，將股東利益放在第五名的位置。

聲明的正式名稱為〈企業宗旨〉（Purpose of a Corporation）。purpose的翻譯為「宗旨」，指的是所謂的「存在意義」。企業的存在意義是本書當中最重要的概念之一。

「為了推動『資助美國全體國民的經濟』，要重新定義企業的目標。」這項聲明的簽署人，除了擔任該團體會長的摩根大通集團執行長（JPMorgan Chase）傑米・戴蒙（Jamie Dimon）、亞馬遜公司（Amazon.com）的執行長傑夫・貝佐斯（Jeff Bezos）及通用汽車（General Motors, GM）的執行長瑪麗・巴拉（Mary Barra）等，總計共一八一名知名管理高層聯名。

擁有將近五十年歷史，一九九七年曾經宣言「股東至上主義」的同一個經營者團體，於二十二年後轉向「揚棄股東至上主義」，象徵股東資本主義和美式經營迎向了巨大的轉捩點。

微軟執行長薩帝亞・納德拉實踐的「共感經營」

實際上，美國的經營者當中，也有人付諸行動提倡共感的重要性。其主要人物是微軟（Microsoft）的執行長薩帝亞・納德拉（Satya Nadella）。

他拜電腦事業達到顛峰、GAFA[5]異軍突起之賜，讓晚一步進軍搜尋引擎、智慧型手機、

5　美國四大科技公司Google、Amazon、Facebook和Apple的簡稱。

瀏覽器和其他新領域的微軟達成V型復甦，是將公司總市值導向世界第一的中心人物。

二〇一四年，納德拉繼前執行長史蒂芬．巴爾默（Steve Ballmer）之後就任執行長，探究「微軟的存在意義是什麼？」，試圖重新發現宗旨，將企業文化的變革上升到最優先的課題。他將「共感」放在核心的位置，提出「共感經營」作為這項變革的關鍵概念。

納德拉在自己的作品《刷新未來：重新想像AI＋HI智能革命下的商業與變革》（*Hit Refresh: The Quest to Rediscover Microsoft's Soul and Imagine a Better Future for Everyone*）中，回顧自身的半個世紀，同時書寫企業變革的軌跡，而裡頭出現最多的詞彙就是「共感」。以下引用書中的幾句話：

「就在我長期歷經各種體驗當中，建立出衷心奉獻熱情的哲學。那就是將『嶄新的創意』與『提升對他人的共感能力』相結合。因為創意是我的活力來源，共感是我的核心準則。」

「這本書以變革為主題。這是在我心中和我們公司中發生的變革，原動力就在於對他人的共感，以及想要賦予他人力量的欲望。」

「一天當中光是對著辦公室的電腦，無法成為懂得共感的領導者。要成為高共感能力高的領導者，就必須走向世界，到實際營生的地方跟消費者見面，看看我們研發的科技如何影響眾人的日常生活。」

另外，對於將「共感＋共通價值觀＋安全與信賴度＝持續性價值觀」當作自己商務上的「方程式」，納德拉這樣說：「請大家注意我的方程式是把『共感』(empathy)放在開頭。企業設計產品時也好，議員擬訂政策時也好，都必須先對大眾及其需求懷有共感。」

納德拉除了對於顧客的共感，也同樣重視公司內部眾人彼此的共感及領導者對於團隊成員的共感。日本微軟前總裁、現任美國總公司副總裁的平野拓也就告訴野中，自從納德拉成了執行長，美國總公司的董事會會議已全然改變。

以前的董事會是根據業績的數值，花費大量時間分析計畫目標率。現在，則放棄「看了數值就知道」的分析型會議，由每個出席者講述自己一路走來的個人史或人生觀，變成互相共感的場合。這是納德拉為美國總公司經營執行團隊引進的開會法。

納德拉將共感擺在自我哲學的中心，背後據說是他那早產的長男因為在子宮內窒息導致重度腦性麻痺，以致殘疾，再加上自己來自印度，接觸過佛陀關懷眾人痛苦的教誨。

如果將納德拉以共感經營和共感能力的領導力為軸心，變革微軟企業文化的歷程和達成V型復甦的歷程放在一起比較，就可以從中看出企業變革方向的模式。

日本企業正陷入「三大疾病」

由於陷入過度分析、過度計畫和過度遵守法令這三大疾病，現在日本企業正在喪失活力，且組織能力持續弱化。

一般人誤以為只要做了分析、建立計畫並遵守法令，經營就會成功。這也可以說是分析上癮、計畫上癮和遵守法令上癮的症狀。原因在於一九九〇年代以後，日本過度迎合美式分析經營，以至於看不見自己公司的存在意義。

總公司不知現場情況，卻必須要做出正確指示，搞得中階人員和現場第一線壓力過大，疲憊不堪。這是許多日本企業的現狀。

但其實，激發現場活力，讓每個員工生氣勃勃地面對工作，實現創新和巨大成功的個案也不少。這些個案的共通之處在於有管道讓企業與顧客、高層與部屬、員工與員工、成員與成員接觸，進而產生關係，將湧起的共感化為締造新價值的原動力。

另外，這些個案的另一個共通點在於不施行美式分析策略、試圖分析市場環境和自家公司的內部資源，找出市場當中最適合的定位，而是探究自身企業的存在意義。同時為了實現組織願景，在「此時此地」的狀況下，次次做出盡善盡美的判斷，付諸實行，達到成功。

現代局勢不穩，變化激烈（volatility，易變性）、難以預測未來（uncertainty，不確定性）、機制複雜（complexity，複雜性）且問題和課題都不明確（ambiguity，模糊性）。在一個稱為「VUCA」（烏卡）世界的時代當中，要以靜態和固定的方式掌握市場環境分析策略是有其極限。

反觀敘事則是靠動態及流動的方式，因應不斷變化的狀況，所以在易變性和高度不確定性當中，也能達到成果。因此，國外的管理學也會關注敘事策略。

另外，在分析策略中，人類的主觀和價值觀不會介入，但在敘事策略當中，一個「要成為什麼樣的人」的主觀和價值觀就具備重要的意義。這個策略的做法極為人本（human centric），需要探究人類該有的「生活方式」，開創生活價值和工作價值。

從《為什麼我家的冰箱都是麒麟啤酒》看「共感管理」

野中之前有幸在月刊雜誌《Voice》上，跟前麒麟啤酒副總裁田村潤進行兩次的對談。田村所撰寫的《為什麼我家的冰箱都是麒麟啤酒：日本高知分店銷售現場的奇蹟式逆轉勝》，是銷售超過二〇萬冊的暢銷書。

爾後，田村也出版了著作《要將輸到習慣的員工轉型成「戰鬥集團」只有一個方法》[6]，以知識創造理論解讀自己的管理方法。

而田村所領導的「高知分店的奇蹟」，正是在公司陷入三大疾病的狀態下，藉由共感能力和敘事策略實現的成果。

田村於一九九五年、四十五歲時，以分店長一職赴任高知分店。由於當時在各方面跟上司衝突，因此這次的異動在公司內外傳為「降職」。

就任當時，麒麟啤酒被朝日啤酒Super Dry的狂銷熱賣威脅，銷售額一路下滑。尤其是高知分店的業績在所有分店當中敬陪末座，最後被朝日啤酒奪走縣內市占率第一名的寶座。

當時分店的銷售方式就只是根據總公司的市場資料分析和所提出對策，進而完成總公司的指示，員工沒有一點危機感。

總公司的指示每個月有十五～二〇個項目，而且每天被迫要完成指示，就算沒有獲得成果，也沒有時間驗證哪裡有問題，下一個指示便接踵而來。分店長也被迫上繳報告，連指導部屬的空間都沒有，現場應變能力退化到只會聽從總公司的指示。

田村後來以副總裁兼營業部長的身分回到總公司，從內外兩面觀察總公司的感覺是，總公司陸續提出指示，其實是管理高層和企畫部門想藉此心安。

企畫部門只要附上數據，提出沒有人反對的對策，會議就會結束。如果管理高層或企畫部門有新的對策，若能對股東交代便相安無事，但是當沒有達到預定目標或實際上執行不力，則將責任轉嫁給現場，就可以迴避總公司的責任。這正是傾心於分析策略後的分析、計畫上癮的症狀。

高知分店長田村試圖打破這個狀態。他想，麒麟啤酒處於敗北的深淵，這個企業有存

6 這本著作由勝見負責以知識創造理論解讀和建立架構。

續的價值嗎？左思右想到最後，他決定進行「理念依歸的分店改革」。

他提出「讓高知人開心飲用美味的麒麟啤酒」作為分店自身的「理念」，描繪「無論身在何處都可以喝麒麟啤酒」的「應有樣貌」，並施行「策略」填補「應有樣貌」和「現實」的鴻溝。

具體做法是讓業務員徹底實踐基本的業務內容，勤跑餐酒館、賣酒店家和量販店，哪怕多一家也好。在業務員的努力之下，有時一個月跑的店家數可以達到二〇〇家之多，全力地把握跟業務上往來夥伴相遇的機會。

說到底，這不是單純的推銷，而是在業務員懷著理念不斷拜訪之後，連老闆都抱持共感，讓交易量逐漸增加。自從著手改革之後，麒麟啤酒終於在第四年（二〇〇一年）奪回縣內第一名的寶座。

結果，以前憑著惰性在工作的業務員也透過實施該策略，逐漸對田村提出的理念共感，懷著幹勁不斷奔走。

而這段期間，來自總公司的指示要不是暫時擱置，就是應付了事。但最終總公司內部也明白到，高知分店的做法不是為了利己的目的讓分店盈利，而是為了利他的目的讓高知人開心，甚至還出現了對此共感幫忙打氣的啦啦隊。

爾後，田村也在四國及東海地區總部實施同樣的改革，以提升銷售成果。他在東海地區總部提議禁止開會，企圖改變只顧著開會的現狀，讓員工超越部門或團隊間的藩籬接觸，主動製造「機會」，即使在短時間內站著談話也能交換意見。田村成為總公司的副總裁凱旋歸來之後，於二〇〇九年奪回先前被朝日啤酒（Asahi Breweries）搶走的全國市占率寶座。

田村所做的管理就是共感之下的管理，其策略是主角前往未知的世界旅行，並在突破試煉的同時，達到目的歸來的傳奇劇或英雄故事情節。

陷入三大疾病的日本企業，應該重新找回共感經營的敘事策略。

第一章

締造價值的經營誕生於「相遇」和「共感」

案例一

佛子園　Share金澤

身心障礙者、老人和居民在「混居」中共生，將福祉化為社區營造的核心

引言

佛子園是以智能障礙者（兒童）收容、入學或輔導就業為主的社會福利法人。這本書以共感經營為主題，會在一開始提到社會福利法人的案例，是為了顯示出人與人之間關係的本質是共感。

佛子園是運用當地寺院修建的社區設施。有一次一間即將破敗的廟宇委託寺院再生，於是打造出智能障礙者、失智症長者、社區的居民和

兒童共用的「混居」場域。

結果，處於不同狀態下的人們之間開始產生「化學反應」，地區的人口逐漸增加、活躍。其原動力就是人與人之間湧起的共感。

以佛子園的案子為例，動物行為學的知識指出，人對人的共感是打從哺乳類誕生以來，歷經二億年以上的進化過程，憑藉本能學會。另外，從神經科學的層面而言，也有研究成果表明，人類的腦部當中也有喚起對方共感的細胞。

由此可以再次肯定，即使人類發明的科技多麼進步，終究還是「共感的生物」。

為什麼「混居」產生的共感能夠做到地域再生？

❶ 以設想「生涯活躍社區」的先進模式獲得矚目

「Share金澤」位在石川縣金澤市的郊外，於二〇一四年開設，占地面積約三萬六千平方公尺，將近東京巨蛋球場的三倍。障礙兒童收容設施共有三棟，附帶服務型銀髮族宜居住宅三十二戶，學生宜居住宅八戶，房舍間櫛比鱗次，約有九十人在此生活。另外，還提供身心障礙者就業支援和銀髮族日間照顧等。

另外，區域內還有在一般福利場所中看不到的設施，像是天然溫泉、蕎麥麵店、咖啡吧、烹飪教室、泰式按摩店、學童俱樂部和室內足球設施等，當地許多居民也會出入其間。另外，愛犬公園和羊駝牧場也很受歡迎，由總部設在鄰近白山市的社會福利法人佛子園經營。Share金澤的設施長清水愛美說：「身心障礙孩童放學之後，在普通的設施就只有職員待命，但在這裡則有年長者、學生，還有來使用愛犬公園的當地人。他們接納孩子，願意交談，孩子也會開口說想要幫忙做事，能在與他人互動、形形色色的關係當中成長。」

近幾年，退休世代度過第二春的「連續照護退休社區」（continuing care retirement community, CCRC）受到矚目。這原本是發源於美國的概念，如今日本政府也走向地方創生，推動CCRC日本版「生涯活躍社區」的構想，滿足中老年人的期望，將他們移居到偏鄉，與當地居民交流，同時接受必要的醫療和看護。Share金澤以其先進模式獲得讚譽，安倍晉三首相和其他官員絡繹不絕前來視察，這是因為佛子園提出的概念與既有的地域活性化不同。

「我們的目標是藉由『混居』推動社區營造。」佛子園理事長雄谷良成說。

「各式各樣的人不分障礙與否或年齡，藉由『混居』交流，個個都身懷職責，發揮作用，變得精力充沛，活躍地方發展。我人生百年歲月追求的就是這種地區共生的社會。」

為什麼「混居」會提振人的精神、活躍地方發展呢？這裡想要試著追溯佛子園以往努力的軌跡，故事就從雄谷的身世說起。

❷將青年海外協力隊那套提升「當事人意識」的方法應用在地區居民上

雄谷良成的祖父是白山市寺院行善寺的住持，二戰後收養及培育受難孤兒和居無定所的智能障礙兒童。一九六〇年設立佛子園，開始經營智能障礙兒童收容設施。翌年（一九六一年）出生的雄谷，直到小學為止都與障礙兒童一同作息，在「混居」的環境中成長。

接著雄谷進入金澤大學教育學院，學習障礙者心理，畢業後，花了一年半時間在當地的國中設立特教班。他為了試試自己的能力，加入青年海外協力隊，竭盡全力在中美多明尼加共和國培養障礙教育教師。

他在那裡學習青年海外協力隊（project cycle management, PCM）獨樹一格的方法，也就是舉辦活動以當地居民為主角，幫助他們擁有身為當事人的意識。即使隊員任務結束歸國之後，當地居民也能主導活動，使當地活動不會斷絕，這就是PCM。

另一件他學到的事情是「眾人的幸福感從何而來」。

「多明尼加經濟貧困，社會保障也不發達。即使如此，每個人仍有高度的幸福感，這是因為五花八門的人們『混居』互助所致。例如有個孩子上學經常遲到，是因為他每天往返三小時接送下肢障礙的朋友，這是眾人生活的原初風貌。反觀日本就算物資充裕，當地社區互動也崩壞，眾人的幸福感絕對稱不上高。」

雄谷回到日本後進入當地報社，試圖瞭解社會的結構、地區行政和經濟的脈動。他也從事過資助和振興地區的相關業務。在一九九四年、三十三歲時進入佛子園，得知智能障礙者離開設施後遭到就業單位歧視，有時還會蒙受虐待，讓他很震驚。「必須打造出讓障礙者安全工作及生活的環境」，於是雄谷陸續在縣內成立就業設施。

轉折點出現在進入二〇〇〇年代。起因是小松市野田町西圓寺的一群施主，拜託他替即將破敗的廟宇進行寺院再生。

「寺廟原本就是一地區的眾人齊聚一堂，解決種種問題的地方。江戶時代還會肩負代替政府機關的職責，並教育孩童。西圓寺也曾打出藥房或放款業的招牌，廟宇什麼店都開。期盼西圓寺能夠再次吸引眾人，脫胎換骨成建立交誼的地方。屆時障礙者也會過來，我希望當地人會敞開心胸接納。只不過，當時大家還沒有打造共生型設施的意識。」雄谷說。

❸身心障礙者和失智症長者引發的「化學反應」

雄谷對於再生採取ＰＣＭ的方法。他召開工作坊，讓居民肩負主體角色，調查地區問題，鎖定需要添加的功能。二〇〇八年，複合型當地社區設施「三草二木西圓寺」開設。三草二木是佛教用語，指的是佛陀的教誨就如慈雨同樣落在草木上一樣，縱然資質或能力有別，但人人都可以獲得領悟。

西圓寺除了幫助障礙者就業和兒童發展之外，又添加銀髮族日間照顧及看護等功能。另外，也挖掘新的天然溫泉，裝設入浴設施；設有晚上會變成酒館的咖啡簡餐店及懷舊零嘴店；舉行蔬菜或手工藝品的定期市集及週末的演唱會或音樂會等，附近的居民和孩童都可以利用這些設施或參加活動。

「『混居』的環境引發意想不到的『化學反應』」雄谷說。

有一次，有個來到設施的失智症老婆婆試圖餵一名重度身心障礙男子吃果凍。男子坐在輪椅上，腦袋幾乎動彈不得。剛開始雖然不順利，但在三個星期每天反覆餵食的過程中，男子頭部的活動範圍漸漸變廣，吃得到果凍了。自此之後，老婆婆深夜徘徊的次數也急遽減少，也經常說：「要是我不去，那孩子就會死。」

雄谷說：「物理治療師兩年來只能將男子頭部活動範圍改善十五度，但在失智症老婆婆試著餵他吃果凍之後，改善到三十度。就算沒有福利或醫療專家參與，兩人相遇之後，也就找到彼此的職責，重新找回生存的力量。五花八門的人在『混居』當中共生，藉由人與人之間的關係產生化學反應。這是一項大發現。」

更驚人的是，隨著西圓寺變得熱鬧，町裡的人口數開始增加。從開設的這十一年來，家庭戶數就從五十五戶增加到七十六戶，多了四成。雄谷繼續說：「詢問回鄉發展或從外地流入的家庭為什麼要來，他們表示西圓寺的障礙者和失智症長者與地區居民生活在一起，待在那裡總是讓人舒適自在。福利對象的障礙者或失智症者變成主角，而福利成為社區營造的核心。這項發現令人感動，為我們的活動帶來了轉機。」

❹藉由共感能力將「幸福」從一個人散播到另一個人身上

經過這個轉機之後，Share金澤誕生了。他們更打算在廣大的醫院舊址上，從零開始建造共生的社區，讓障礙者、銀髮族、學生、兒童和地區居民「混居」。但這項計畫遭到地方行政機構要求「暫緩」。

清水說：「我們在同一棟建築內要做兩條獨立的走廊給障礙者和銀髮族用，但所申請的補助金來源不同，於是我們就向提出以實現共生社會為目標的厚勞省（厚生勞動省）直接談判，在典型的垂直管理部門下爭取建立一個共生社會。」

「混居」的想法打亂了這個垂直制度。

為什麼「混居」會引發化學反應，產生舒適自在的感覺呢？雄谷表示這項功效也有「科學上的證據」。

「第一項證據是世界級動物行為學家法蘭斯．德瓦爾（Frans de Waal）提出的理論，正如打呵欠會傳染一樣，人有能力在自己的腦部中創造出對方腦部的狀態。換句話說，這表示人類天生就擁有共感對方的能力。失智症老婆婆和重度身心障礙男子之間產生的也是共感。」

「另一個證據則是公共衛生學的權威尼古拉斯．克里斯塔基斯（Nicholas A. Christakis）的幸福散播研究。研究證實，當有人在方圓一．六公里內說自己很『幸福』時，幸福就會傳遞給百分之十五的親朋好友、百分之十相識之人及百分之六相識之人的友人。換句話說，一個人的幸福也會影響不認識的人。這種聯繫的基礎也是人類原本就擁有的共感能力。假如身心障礙者被當地隔離，銀髮族受到孤立，幸福的聯繫就會中斷。不過，若是『混居』則可以傳遞幸福。」

❺「混居」的構想反映在政府的方針上

繼Share金澤之後，佛子園的活動向前邁進，努力在既有的城市當中營造「混居」場域。

二〇一六年，當地社區設施「B's行善寺」開幕，大幅革新了白山市的總部設施。除了障礙者和銀髮族適用的福利設施、天然溫泉和蕎麥麵店之外，托兒所、診所、鮮花店、咖啡簡餐店、健身俱樂部和其他商家也一應俱全。另外，智能障礙者宜居的團體家屋（group home）也分布在市內的十二個地方。

「白山市人口約十一萬人，每年有四十二萬人來到B's行善寺，三分之二是當地人。有個繭居七年的青年過來，自從他看到托兒所〇～二歲的孩童之後，就每天持續不斷地來拜訪。有個因注意力不足過動症（attention deficit hyperactivity disorder,

ADHD）而不上學的孩子，當看到青年雙手合十聽著僧侶唸經時，那個一歲半的孩子也會來到身旁雙手跟著合十。兩人關係變得融洽，也都找到能讓自己定下心來的地方。『混居』的效果每天都會在各種情境中出現。」雄谷說。

二〇一八年與輪島市合作、運用市內的空屋和空地所開設的設施「輪島KABULET」，被獲選為「生涯活躍社區」模範都市。

雄谷更擔任由青年海外協力隊歸國隊員組成的青年海外協力協會（Japan Overseas Cooperative Association, JOCA）的會長。輪島的專案當中有十名歸國隊員及其家人計三十三名移居至此，跟居民一起職掌企畫和營運。

依照佛子園模式由JOCA歸國隊員住在當地支援地方的創生，這種做法往後也在鳥取縣南部町、廣島縣安藝太田町和長野縣駒根市等地推動。另外，雄谷提倡「混居」社區營造超越垂直制度的構想，也反映在政府的「2019城鎮、居民與工作創生基本方針」中，展現出日本應該追求的未來藍圖。

「活用人生百年歲月的生涯規畫雖然引人注目，卻只是以個人為中心的生活之道。反觀日本繭居族以六〇～六四歲的男性最多，退休是最大的原因。『混居』的場域當中，就連繭居族也可以透過與人建立關係重振精神。雖然個人的生涯規畫很重要，不過與此同時，讓每個人都能在地區共生社會當中活躍也很重要。我認為『混居』是日本面對社會少子高齡化及人口激減的一種處理方式，是日本的作風，更是世界的先驅。」雄谷說。

解釋篇

人際關係的本質是共感，人格魅力的本質是共感能力

經營講座① 人類生來就是「共感的生物」

共感的定義是「共享他人的情感狀態和行為意義的精神功能」。總而言之，就是站在他人的觀點，跟他人共享文辭脈絡。知識創造理論的意義就在於共享內隱知識，內隱知識是較難以言語或文章表達的主觀智慧。

這本書的目的是要以具體案例解釋共感在管理或商務當中的重要性，開頭的案例之所以拿社會福利法人的解決方案來介紹，是為了顯示人際關係的本質在於共感。

佛子園的雄谷以前面介紹的法蘭斯·德瓦爾學說，當作「混居」效果的科學根據。德瓦爾身為靈長類學者，以非凡的知名度著稱於世界，還獲選為《時代》（*Time*）雜誌「全球百大影響人物」。

「現在貪婪不受歡迎，世界迎向了共感的時代。」德瓦爾的著作《邁向共感的

時代》（*The Age of Empathy*）以這句開場白為起始，針對打呵欠或發笑會從一個人傳染給另一個人的現象，指出「這份同調性的基礎在於將自己的身體映射（map，重疊）在他人的身體上，將他人的動作當成自身動作的能力」，認為是「觀點取替」（perspective taking，站在他人的觀點上）在發揮作用。

這種身體映射（重疊）從生命的早期便開始。例如當人類新生兒看到大人吐舌頭之後，自己也會吐舌頭。而這現象在長大成人之後也不會改變，舉當時英國首相東尼・布萊爾（Tony Blair）和美國總統喬治・布希（George Bush）為例。布萊爾在自己的國家會如往常行走，但是當他和關係匪淺的布希一起在美國行走時，就會和布希一樣胳膊隨意下垂，昂首闊步，突然變身為牛仔。

「自動鑽進周遭旁人的身體當中，讓他人的行動或情感會在心中迴響，就像是自己的東西一樣。」這種現象稱之為「體現認知」（embodied cognition）。

德瓦爾介紹各種案例、實驗結果、理論和學說，同時表示人類「天生就共感」，共感是與生俱來的「本能」，會在無意識間共感。此外，還介紹共感的起源要從「養兒育女」當中尋求的說法，他這樣記敘道：「哺乳類長達二億年的進化過程中，對自己的孩子較敏感的雌性會比冷淡疏離的雌性留下更多的子孫。」「（母親立即對孩子做出反應的）感受性肯定要承受極為巨大的演化壓力（evolutionary pressure），無法應付的雌性就不能傳播基因。」

人類的共感以漫長的進化史為後盾。那麼，這種共感能力是人類的哪一個系統功能所帶來的呢？德瓦爾提到了神經科學當中「鏡像神經元（mirror neuron）」的發現」。

經營講座② 大腦中的鏡像神經元對他人產生共感

鏡像神經元是「將對方的行動宛如鏡子般投射到自己身上的神經細胞」。一九九〇年代初期，義大利帕爾馬大學（University of Parma）神經生理學研究室賈科莫·里佐拉蒂（Giacomo Rizzolatti）的研究團隊，從猴子的實驗當中發現此細胞。

鏡像神經元系統會替各式各樣的行為編碼，藉由模仿對方的身體行動，比對自身的體驗推測對方的思想，或單憑看到對方的行為，也能在腦海裡進行相符的行

鏡像神經元

將對方的行動宛如鏡子般投射到自己身上的神經細胞。

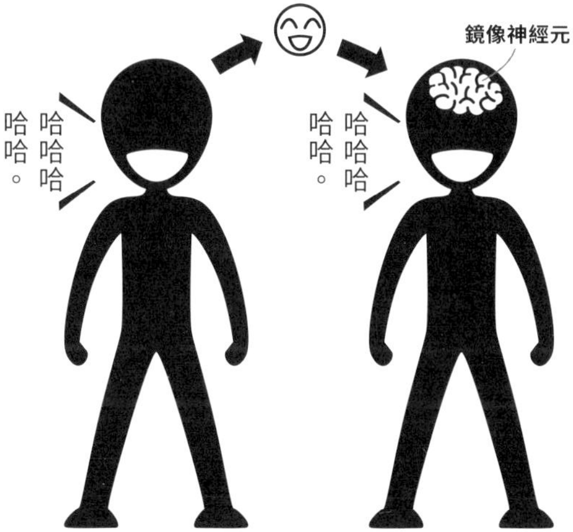

為，憑直覺瞭解行動的意義[7]。

這項發現純屬偶然。當時有一名研究員在研究室伸手想要拿東西，幾乎就在同時，從電腦傳來巨大的運轉聲。那具電腦連接的電極嵌在一隻猴子的腦袋裡，牠坐在椅子上，正等著進行下一個課題。儘管猴子就只是溫順地坐著，沒有試圖抓握任何東西，與抓握行為相關的神經元卻產生動作電位

7 《鏡像神經元》（ミラーニューロン），賈科莫・里佐拉蒂（Giacomo Rizzolatti）、席尼加利亞・科拉朵（Corrado Sinigaglia）著，二〇〇九年。

傳遞訊號。

由此可知，「猴子本身進行運動行為（例如像是抓取食物）的時候或猴子看見實驗者發揮運動功能的時候，兩者都會激發活性」。鏡像神經元的發現堪稱是「將DNA為生物學所帶來的知識帶往心理學」。

爾後，荷蘭的神經科學家克里斯蒂安・凱瑟斯（Christian Keysers）等人證實人腦也有鏡像神經元系統。猴子的實驗當中，鏡像神經元被發現存在大腦司掌運動的區域，而凱瑟斯等人則發現它也存在於情感和體感（知覺）區域中。

一個人在觀看別人的動作、歡笑、憤怒或流露其他情感的表情，又或者看到別人碰觸什麼東西時，就會覺得自己彷彿也在做同樣的動作、懷著同樣的情感、碰觸同樣的東西，腦部的運動系統、情感系統和知覺系統會活化，察覺別人動作的意圖，共享他人的情感狀態，試著與別人共享感覺。

換句話說，一個人在理解別人的動作、情感和知覺時，是以「曾經經歷過相同情況的腦部區域」讓自己體驗當下的狀態。這種主客合一的世界超越了自我與他人的差異。凱瑟斯將這整個神經傳遞歷程重新命名為「共享迴路」（shared circuit）[8]。

再者，凱瑟斯等人藉由實驗證實，大腦鏡像神經元的活化程度，與心理學上常用於測量人類共感性程度呈現正相關。換句話說，容易站在他人立場的人，大腦共享迴路的反應也會變得活躍。

由此可知，從神經科學的層面中，發現人類生來就是「共感的生物」。假如人類的本性是共感，那麼在管理或商務的領域當中，順應本性將會獲得市場的支持，這本書也會進一步解釋。

經營講座③ 共感會產生利他主義

佛子園的案例當中，失智症老婆婆對重度身心障礙且不能隨意活動身體的男子共感，採取利他的行動餵對方吃果凍，懷著「要是我不去，那孩子就會死」的認知。

這個現象表示共感會產生利他主義。「混居」的場域當中，當地的人口會因為

8 《共感脳——鏡像神經元的發現與人類本性理解的轉換》（共感脳：ミラーニューロンの発見と人間本性理解の転換），克里斯蒂安・凱瑟斯（Christian Keysers）著，二〇一六年。

「舒適自在」而增加，也是由於眾人感受到當中的利他主義。

那為什麼共感會產生利他主義？這裡想試著從兩個方面思考。

◎進化帶來的利他行動

前面提到的德瓦爾注意到，當黑猩猩看見陷入困境的同伴，會靠近擁抱對方、順毛、仔細檢查傷勢或做出其他「互相接觸肢體帶來安慰」的行動。

另外，老年不良於行的黑猩猩在生活上會獲得夥伴的幫忙，研究所飼養用來實驗的黑猩猩回歸自然時，野生的黑猩猩會援助其生活，在在顯示支持人猿的利他行動，進而得出以下結論：「天擇在漫長的進化史中審核行動的結果，授予靈長類共感的能力，確保他們在適當的環境下會幫助其他同類。」

而在人的利他行動方面，假如對陷入困境的他人伸出援手而感到「愉快」，就會讓人懷疑這份援助是否會流於自私。對此德瓦爾說明：「當然，我們會透過幫助他人獲得喜悅，但是這種喜悅唯有透過他人方能獲得，所以是真正的以他人為導向。」

為什麼一個人在共感之後會採取利他行動？進化的過程當中，產生利他主義的群體會繁榮，因為能夠提升更多的成果，而利他主義淡薄的群體則會逐漸遭到淘汰。假如這是進化的定律，那麼想必共感的重要性在管理上也具有說服力。

◎人非「存有」（being）而是「生成」（becoming）

接下來要從哲學的觀點，看看進化帶來的共感所導致的利他行動。

失智症老婆婆和重度身心障礙男子相遇，採取利他行動，擁有「要是我不去，那孩子就會死」的使命感，所以自己失智症的症狀減輕。難道其中有某些關聯嗎？這裡該注意的是每個人的變化。

二十世紀前半，有個與眾不同的英國籍哲學家阿爾弗雷德·諾斯·懷海德（Alfred North Whitehead），發展出獨樹一格的哲學。要說到哪裡與眾不同，他認為世界是萬物相互關聯的「過程」（process），是經常不斷變動的「事件（event）連續體」。

換句話說，懷海德覺得世界萬物若要「形成發展」，就該著眼於「事件形成消滅的過程」，而非實體（substance）本身。

懷海德強調關鍵不在於實體，而在於事件，認為人類也不是「A先生」這種個體，而是「獨特的經驗」。「此時此地」當事人特有的經驗逐漸累積，綜合[9]起來就是A先生。

經驗會成為一切知識的泉源。從經驗而生的知識必會與某物結合，暗存大幅成長的關聯性。人類常會在行動當中締結人與人之間的關係，或跟實體互有關聯。而後在行動的同時累積豐富的經驗，產生智慧，與周遭的智慧結合，過程當中逐漸變成「嶄新的自己」。如此重複下去，就是「獨特的經驗」應有的狀態。

支持這種想法的人不把人定位成靜態的存有，而是經常變化的動態「生成」。重視的與其說是固定存在的「是」（being），不如說是逐步形成的「成為」（becoming），即使在未完成的狀態下仍然朝未來開展，常以過程（事件）掌握人類的本質。

一個重視「是」的世界，在提到「〇〇是失智症」、「××是身心障礙者」的時候，既有的固定意義就會突顯出來，彼此很難在現狀之下締結關係。

反觀著眼於「成為」的世界，一個人則會透過與別人的關係不斷形成自我，逐漸變化。「混居」的場域會陸續跟形形色色的人相遇，這就是「成為」的世界。就在對彼此共感、向對方做出利他行動累積經驗當中，逐漸產生「嶄新的自己」。從人類這個「獨特的經驗」應有的狀態來看，這樣的情況可以說是極為自然。

為什麼一個人在共感之後會採取利他行動？想必是因為人是透過與別人的關係，不斷形成自我的「生成」吧？

這一點在商務領域中也一樣。接下來將會介紹HILLTOP的案例，說明人與人的相遇共感，如何讓員工邁向分散式領導（distributed leadership）。

---

9 本書為與「概括全部」的「總合」有所區別，故在高次元統合的意義下使用「綜合」。

案例二

HILLTOP遊憩鐵工廠

經營的原點是「愛」，效率和非效率並存產生競爭力

引言

HILLTOP是位在京都的鋁切割加工廠，規模屬於中小企業。介紹公司全貌的著作《迪士尼和NASA都讚譽的遊憩鐵工廠》，陸續在大型書店的商管書排行榜中名列第一。這項獨特的企業管理方式獲得各種大眾媒體引介，來自日本全國的考察絡繹不絕。

雖然以前是沾滿油汙的小鎮工廠，現在卻是乾淨到員工穿白衣行走

也不會弄髒的無人「夢幻工廠」。切割加工由機器自動執行，員工則從事腦力工作。

引人注目的是一套獨特將員工當成「產生知識的人才」培訓系統。只不過，工廠並沒有擬定特別的培訓計畫，而是透過人與人之間的接觸和共感，形成員工自願接受新企業文化的挑戰。

這一章會從最重視共感的知識創造理論談起，並從哲學層面補充知識創造理論的現象學角度，解讀這則案例。同時提出以人與人之間的共感為出發點，影響組織的行動，獲得巨大的成果，甚至是邁向創新。

敘事篇

締造「腦力工作良性循環圈」的人才培訓系統是什麼？

❶ 新進員工在進入公司兩至三星期之間變成戰力

從京都站搭乘近鐵京都線行駛約二十五分鐘後，就會到達宇治市。下了車站，步行約一公里左右，一間公司佇立在眼前。五層樓的公司建築左手邊蓋了棟吸睛的粉色龐然大物，讓人看不出這裡是鋁切割加工廠。建築當中也設有工廠，而此公司名稱就叫做「HILLTOP」。

從二〇一〇年度正式開始招募應屆畢業生的九年來，員工人數就從六〇人增加為一五一人，成長二．五倍，銷售額從不滿五億日圓增加為約二十三億三〇〇〇萬日圓，成長約五倍，商業往來公司數量從約四百家增加為約三千五百家，成長近九倍。其中還包括華特迪士尼公司（The Walt Disney Company）、美國國家航空暨太空總署（NASA）及全球最大半導體製造設備廠應用材料公司（Applied Materials）等企業。報酬率高達百分之二十至二十五（業界水準為百分之三至八）。來自日本全國的考察也絡繹不絕，一年就有二〇〇〇人造訪。

「我們公司的發展是靠人才的力量。」

說這句話的是職掌管理經營的副總裁山本昌作。一樓的工廠擺放好幾具加工機，操作員卻只有兩、三人。HILLTOP提倡「二十四小時無人加工的夢幻工廠」，加工機聽從程式指令，不斷自動製造產品。

HILLTOP是多種單件生產。以一個為單位的訂單就占了七成，大多數是商業夥伴委託製造試作品。因此，加工機每次製造的東西都不同，程式也必須每次重新建立，由主力製造部門中的程式設計師們負責。走上二樓，則會看見年輕的員工各個坐在辦公室裡面對電腦，如同最尖端的IT企業。

程式設計師可以利用白天、短暫的上班時間建立程式，而加工機即使晚上沒人也能運轉，因此從接單算起最短五天就可以快速交貨，交期是平常的一半。這稱為HILLTOP系統。

「我們公司的銷售額不是取決於機器的功能，而是員工做出的程式數量。程式設計的速度飛快，才能快速交貨，所以別人選擇我們是有原因的。」副總裁的長子兼經營策略部長山本勇輝說。

HILLTOP的競爭力在於員工設計程式的產能很高。而且即使是新進員工，也能在進入公司兩至三星期之間變成戰力。進入公司半年的吉田夏菜也目光炯炯地說：「進入公司第三個星期，頭一次建立的程式就在加工機上運作變成商品，那是我最開心的一刻。」

HILLTOP系統誕生於昌作的期盼：「既不想做單純的例行公事，也不讓員工去做。」HILLTOP式的人才培訓系統讓年輕人變成戰力，一貫的想法是不讓員工做單純的例行公事。那這意味著什麼呢？

❷將師傅的技術資料化，再由機械自動完成

HILLTOP系統迄今歷經過兩個階段。

最初公司的前身是昌作的父親於一九六一年所創辦的鐵工廠。由於長子（昌作

的哥哥）罹患嚴重疾病，藥物的副作用使他失去聽力，因此就在「為免找工作遇到困難」的父母心之下創立這家公司，由哥哥出任總裁一職。昌作原本預定畢業後在貿易公司上班，母親卻懇求他「幫自家兄弟的忙」，於是他在一九七七年進入公司。

當時，有八成訂單來自汽車公司的分包商。每天被逼著生產大量零件，沾滿油汙。「我討厭工作時反覆做同一件事，不想強迫員工做討厭的事情」、「讓我們從事富有人性的腦力工作。要是做得不開心就不是工作了」。受命經營的昌作有了這樣的想法，於是決定放棄分包商的工作，轉型為多種單件生產。

結果失去了八成訂單，「勉強可以溫飽」的狀態持續了三年。

「但是，就算開始改成單件生產也做得不開心。重複的訂單再三出現後，就會變成例行公事。我們需要一個與過去截然不同的新概念。」昌作說。

第一階段就從這裡開始。昌作從電鍋的微電腦操控與漢堡店透過員工手冊營運的竅門汲取靈感，想出一套獨特的方法，那就是例行的切割加工作業由機械自動完成，人類則設計程式。

因此，我們詢問公司內部工作的師傅如何加工、將每個工作標準化、定量化及資料化。

「當初對自己身懷的技術三緘其口的師傅，聽到一個人開始講話後，也會陸續冒出『我會這樣做』的意見，開啟討論，最後推導出來的資料就是這家公司大家認為最正確的版本。每個人形成共識，便以這項資料為基礎推行自動化。」昌作說。

加工機根據資料再以電腦操控發動，一九九一年便開始使用HILLTOP系統。程式設計師建立新訂單的程式後，就會轉化成資料庫。遇到重複的訂單時只要再次從資料庫提取就能使用，而程式設計師同時可以持續開發新程式，不斷提高技能。昌作稱之為「腦力工作良性循環圈」。

另外，關於員工的工作環境，HILLTOP也蓋了棟粉紅色外觀的新建築，從沾滿油汙的工廠搖身一變成為「穿著白衣工作的工廠」。

❸藉由工作輪調培養多項技能

第二階段來臨是在雷曼兄弟（Lehman Brothers Holdings Inc.）破產事件之後。

HILLTOP趁著訂單急遽減少，開始思考該如何成為未來的「首選企業」。

自家公司的銷售額取決於程式的數量。既然如此，就要提高程式設計的產能。HILLTOP自從提出「程式產量三倍化」的目標之後，就著手進行最佳化，徹底追求程式設計的效率。

主導這項工作的經營策略部長勇輝表示：「過去，建立程式的參數（動作判定的數值）有八百個項目以上，所以我們歸納出共通的模式，減少到二十五個項目。將程式設計的效率提升和精簡壓縮後，原本自己用在程式設計上的時間就從百分之百變成百分之五十，因此就能夠自由運用剩餘的時間挑戰新事物。經驗知識活用在本業上，腦力工作良性循環圈就可以繼續運轉下去。」

那麼，HILLTOP的人如何挑戰新事物？進入公司第七年，二十幾歲便獲提拔為製造部副部長的宮濵司說：「要說到我挑戰什麼，那就是懷疑和驗證現在的系統是否正確，嘗試切割鋁以外的金屬，用在太空事業和其他新領域上，諸如此類形形色色的事情。年輕人若要接受新挑戰，除了程式設計之外，還必須身懷多種技能，所以才有工作輪調這個幕後推手。」

製造部當中有八個部門，除了程式設計之外，還有機器操作、特定產品需以手工作業的銑削加工、車床加工、拋光打磨與其他各種加工、表面處理和檢查等。新進員工最快在一個星期內就能體驗每個部門的工作。

「手工操作會由每個師傅從初學者程度教起。儘管相當沒效率，卻可以吸收各種知識，活用在挑戰上。」宮濵說。

❹ 藉由「親子制度」激勵員工

更特別的是，即使是自己所屬部門以外的工作，也可以自告奮勇挑戰。

「在我們公司不單是做原本的工作，『跨界兩、三個領域』也屬正常。」說這話的是岡谷祐美，她進入公司第三年，職掌勇輝底下所有和徵才有關的業務。

「例如，我們公司沒有人事部，僱傭方針是由所有員工進行徵才工作，就連製造部人員也要負責公司外部的法人說明會和徵才面試。所以必須用自己的眼睛瞭解自己的公司，並能夠用自己的話語表達。意識到自己招募的員工進了公司之後，也就對他們有了責任。這樣雖然比由人事專責部門直接處理還沒有效率，不過任誰在接觸不同領域一次、兩次之後都會打開視野，也會提升對工作的動力，願意挑戰新事物。這也是腦力工作良性循環圈。」

進入公司半年的製造部人員廣目恭介，就負責籌備大學的校內說明會。「這家公司每年大約有二千人前來觀摩，每一個員工都肩負說明的職責。我也會站在他們背後，傾聽和學習別人怎麼說明。久而久之就激起我的意願，於是就請公司讓我去校內說明會。雖然我還不曉得哪裡有機會，但假如有一百個機會，那就要試著播下一百顆種子。進入公司半年，我也學到勇於挑戰的重要性。」

「親子制度」也是一種「播種」的機會。每個年資尚淺的員工都會有個扮演「父母」的資深員工陪在一旁，每天在工作結束前的十分鐘進行對話，回顧當天的情況。資淺員工也可以當場表明自己想做的事情。

岡谷說：「假如開口說自己想做，且所作所為也都能獲得認可，就能說服別人讓你做。我也是在進入公司的第二年自願負責徵才，獲得批准。現在就連徵才相關的預算都交給我負責了。」

❺程式設計要人工智慧化，人類要思考新商機

昌作也說：「我們公司不打出頭鳥。」

現在，HILLTOP也站在歧路上，正過渡到第三個階段。

經營策略部長勇輝說：「給程式提高效率和最佳化之後，只需在螢幕上選擇刀刃，觸摸要切割的表面，加工程式就做出來了。因此，即使是新手也可以馬上變成戰力，實現快速交貨的目標。不過，當工作最佳化後就會單純化、常態化。而且，照理說空出來的時間要拿來挑戰新事物，但由於快速交貨獲得好評，訂單增加，為了應付這種情況，所有的時間就會被例行公事填滿，陷入矛盾。人類要做富有人性的工作，所以我們目前正在推動用人工智慧將程式設計本身自動化。從程式設計當中解脫的員工，就能思考下一個時代的新商機。不久的將來，程式設計師就會從製造部消失。」

新商機是什麼呢？例如，製造部的宮濵就在思考如何打造「切割加工界的大型食譜平臺[10]」。

「世界上有些企業因為缺乏程式設計師，所以讓機械休眠。假如那些公司存取

我們的系統，就可以獲得相當於『食譜』的資料，讓機械自動運轉，便能活絡全世界的製造業。」

HILLTOP也正在規畫一套機制，借用世界各地企業沒在運轉的機械，傳送資料自動製造產品。

「我們希望擁有的生產設備也能多於全球最大EMS（電子專業製造服務）廠商鴻海精密工業，以後思考這種商業模式將會成為員工的腦力工作。」勇輝說。

❻即使在變化當中，也要同時具備不變的基本

起初階段是由機器自動執行師傅的技術，讓人類專心設計程式。其次是提高程式設計的效率、最佳化和精簡壓縮，試圖讓員工在自由的時間嘗試新事物。為了鼓勵挑戰，HILLTOP大膽採用工作輪調、親子制度及其他沒有效率的機制。

10　原文的Cookpad（クックパッド）是全球最大的食譜平臺網站，用在這裡是指HILLTOP公司想要把系統經營得和Cookpad一樣出色，讓客戶透過網路找到所需的資料。

而在下一個時代，程式設計本身會以人工智慧自動化，員工要建立新的商業模式。

勇輝說：「我們最大的強項就是不斷變化。」另一方面，昌作則說：「例行公事不強迫員工去做，讓腦力工作良性循環圈正常運轉的想法不會改變。」正因為擁有不變的基礎，所以能夠配合狀況改變工作的方式。

為什麼HILLTOP可以持續擁有不變的基礎？年紀輕輕就擔任徵才活動現場負責人的岡谷，說出來的話令人印象深刻。

「這家公司始於對親生兒子的愛，感覺這份精神一直在延續。眾所皆知，架設HILLTOP系統也不是為了賺錢，而是讓員工能在成長之中工作。所以會幫想做事的人撐腰，不打出頭鳥，讓彼此能夠成長。徵才活動也是大家在工作之餘提供協助。公司中的員工會激勵旁人，跟他們一起工作很有動力，這是我最自豪的地方。」

經營的原點是「愛」。在追求尖端技術的同時結合員工的工作方式，就能看到原本應有的經營狀態。

解釋篇

知識創造的起點是共感

經營講座① 知識創造的SECI模式也是共感的起點

經營的原點是「愛」，員工這句話完美表達HILLTOP這家公司的本質。愛本身就是在共感對方。這個案例值得注意的是，HILLTOP藉由各種獨特的措施在員工當中形成共感，這是知識創造的起點。

在解釋HILLTOP的案例之前，先花點篇幅討論共感在野中提倡的知識創造理論當中代表的意義，在哲學現象學當中又有何意義，並補充知識創造理論的不足。

人類產生知識的方法可以分為兩個層面：個人主觀的內隱知識和社會客觀的外顯知識。

內隱知識就如前面所言，是較難以用言語或文章表達的主觀智慧，是個人依據經驗隱含擁有。思想及信念、身體力行之後的技能等，就是典型的內隱知識；外顯知識則是言語或文章可明確說明的客觀性知識。

知識創造是人類最有智慧的活動。當內隱知識和外顯知識交互作用，相互轉換，呈螺旋狀循環的過程中，就會產生新知識。

在這種知識螺旋循環運動當中，開創新知識的泉源在於內隱知識。因為知識是一個動態歷程，個人的信念或思想要往真理靠攏，取得社會上的正當地位。

知識創造理論認為，當知識螺旋循環運動發生在組織、群體和個人之間時會遵循四種模式。這種組織化的知識創造歷程取各個模式的開頭字母，稱為「SECI模式」。以下是各模式說明：

(1) 首先，團隊成員會驅策身體和五種感官，直接在現場共享經驗，共享內隱知識，同時直觀本質，以組織化的方式共創內隱知識。另外，要在現場與客戶面對面共用一處時，也可能會透過直接經驗與客戶共享內隱知識，這就叫做「社會化」（socialization）。此模式的關鍵是領導者和團隊成員、成員和顧客之間，能夠互相共感。

(2) 其次是將內隱知識化為言語，藉由創造概念轉換成外顯知識。這就叫做「外

內隱知識與外顯知識的螺旋

內隱知識與外顯知識交互作用，
在重複螺旋運動的同時，誕生新的智慧。

交互作用

內隱知識	外顯知識
• 較難以言語或文章表達，屬於內隱性的主觀智慧。	• 言語或文章可明確說明的客觀性知識。
• 透過經驗及五種感官所得到的直接性知識。	• 可由特定的文辭脈絡加以區隔的體系性知識。
• 思想及信念、外顯知識之後的熟練技能或知識、直覺等。	• 理論、問題解決方法、手冊和資料庫等。
• 個人的／情緒的、情感的、審美上的。	• 社會性、組織性／理性、邏輯性。
• 存在於特定的人群、場域或對象，多具有特定、限定性質。	• 可透過資訊系統日益完善，並可隨場合移動、移轉，且重複運用。
• 與個人經驗共同發展，有共享、進一步發展的可能性。	• 可由語言傳播共同擁有及編輯。

SECI模式：組織性知識創造的基本原理

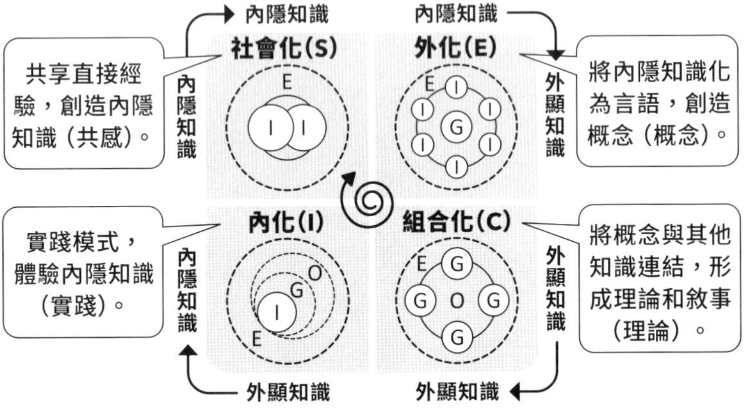

出處：© Nonaka. I.

I＝個人（Individual）　O＝組織（Organization）
G＝團體（Group）　E＝環境（Environment）

化」（externalization）。透過對話和鬥智，並利用隱喻和類比等修辭，從社會化後直觀的本質中導出假設。

(3) 接下來是「組合化」（combination），結合轉換過的外顯知識與組織內外的其他外顯知識，建立體系之後創造新的外顯知識。經由外化推導出來的假設或概念與其他相關知識連結，加以編輯，化為敘事結構，再建立理論模型。

(4) 外顯知識以這種方

式建立體系、化為敘事結構和理論模型之後，就要透過實踐和行動，讓全體成員吸收為新的內隱知識，體現出來。換句話說，就是再把外顯知識轉換成內隱知識。這就叫做「內化」(internalization)。

實際上，每個模式可以同時發生，有些模式則會重複進行。無論如何，經過這一連串的歷程，知識就會具現成新的價值。同時，知識會在個人、團體和組織之間循環，擴展得更為豐富。這就是組織知識創造的基本原理。

值得注意的是，創造新知識的起點是對社會化當中的共感。換句話說，要是彼此沒有共感，知識將不會誕生。

這種SECI模式在一九八〇年代被譽為「日本第一」(Japan as No.1)。在日本企業最為光輝燦爛的年代，野中和研究夥伴一起進行廠商開發新產品的案例研究，直接接觸每天在工廠奮鬥的人，從互動過程當中推導出這套模式。當日本企業朝氣蓬勃時，眾人就會站在內隱知識的基礎上互相共感，同時創造新知識。

現在會提倡共感在經營或管理當中的重要性，是因為日本企業陷入過度分析、過度計畫和過度遵守法令的「三大疾病」。依據分析的外顯知識經營，多半無非就是出於危機感。

但或許是因為研究出SECI模式時，日本企業就順理成章地進行共感經營，所以野中把四種模式當中的外化，放在比社會化更重要的位置上。野中重新認識共感在社會化當中的重要性，是在和現象學相遇之後。

經營講座② 藉由共感產生「我們的主觀」

遠在神經科學領域發現鏡像神經元以前，有個哲學派別叫做現象學，提倡共感在人類當中的重要性。明白現象學當中的共感概念，有助於瞭解共感如何根植於人性本質。

例如致力於現象學發展的法國哲學家莫里斯·梅洛龐蒂（Maurice Merleau-Ponty），就以「交互肉身性」（intercorporeality）的概念，指出共感具備重要的意義。當一個人以全人（holistic）的觀點面對另一個人時，身體就會在精神或意識之前，率先產生共振、共感和共鳴。

現在假設右手正在觸摸左手。右手是觸摸的一方（touching），左手是被觸摸的一方（being touched），但是過了一段時間後，剛開始被觸摸的左手就會產生觸摸右手的感覺，角色便產生交替和反轉。

這種可逆的「雙重感覺」在「我」跟「你」之間也會成立。我可以從你的身體當中，認出跟我以同樣方式存在的你。換句話說，你是我，我是你。這是交互肉身性，亦即肉身性的共享。

藉由人類在身體方面與對方共享時間和空間，相互接觸，就可以站在對方的觀點，將對方的經驗納為己有，而且還能夠跨越差異，營造更大的共感。

奧地利籍哲學家及現象學之父埃德蒙．胡塞爾（Edmund Husserl），解釋這種巨大的共感產生的歷程。野中透過日本研究現象學的最高權威、東洋大學名譽教授山口一郎，開始接觸胡塞爾的思想，從而重新認識共感的重要性。

胡塞爾針對人與人之間的共感，提倡「交互主觀性」（intersubjectivity）的概念。而交互主觀性會經由三個階段成立。

第一階段叫做被動綜合，如同母親與嬰幼兒的關係一樣，是在主客未分的狀態

交互主觀性（共感）三階段

第一階段

被動綜合（感性綜合）

就像母親與嬰幼兒一樣靠本能與對方共感，
在主客未分的境界下完全變成對方的「我—你」關係。

第二階段

主動綜合（知性綜合）

發自自我或自我意識的思考涉入其間，
在主客分離的狀態下掌控對方的「我—它」關係。

第三階段

無心無我的交互主觀性（感性與知性的綜合）

站在更高次元之上再次進入主客未分的狀態，
與對方在無心無我的境界下超越「我的主觀」，
產生「我們的主觀」的「我—你」關係。

出處：山口一郎，《從存在到生成》，2005年。

下不知不覺共感。自己在無意識之間變成對方，站在對方的觀點，進入對方的文辭脈絡中，人以與生俱來本能擁有的共感能力，稱為「感性綜合」。

例如先前在山手線新大久保站發生的不幸事故。當一名男子從月臺掉進軌道時，電車剛好要進站，目睹這一幕的韓國留學生和日本攝影師馬上跳進軌道，想要搭救那名男子，結果三人全數罹難。搭救的行動或許是因為在無意識間徹底化身為對方，由此可以推測是被動綜合。

耐人尋味的是，交互主觀性的第一階段相當於母子關係，與神經科學從養兒育女當中尋求共感起源的見解吻合。

第二階段稱作主動綜合，發自自我或自我意識的意識思考涉入其間，從主客未分演變成主體和客體與分離的狀態。結果，自己的利益和對方的利益有時互補、有時衝突，稱為「知性綜合」。

第三階段則會經過第二階段，站在更高次元之上再次進入主客未分的狀態，與對方在無心無我的境界下建立交互主觀性，產生超越「我的主觀」的「我們的主觀」。這是「感性與知性的綜合」。無心無我是自我超越（self-overcoming）的世界，超越自身的框架，並在彼此超越個體的同時推導出「我們的主觀」。

關於交互主觀性的三個階段，曾受胡塞爾影響的奧地利籍宗教哲學家馬丁・布伯（Martin Buber）提倡「對話哲學」，試圖用「我—你」（I-Thou[11]）和「我—它」（I-it）的概念解釋這些現象。

布伯認為，當一個人與另一個人有關係時，就會採取「我—你」和「我—它」這兩種態度當中的一種。

他主張第一階段的被動綜合（感性綜合）是主客未分的「我—你」關係。第二階段的主動綜合則會轉換成主客分離的「我—它」關係，將對方客體化（objectivization）並加以掌控。而第三階段則會締結更高次元的「我—你」關係，以全人的觀點面對對方，承認彼此的個體性，同時超越個體建立關係。這種更高次元的「我—你」關係，將會產生超越「我的主觀」的「我們的主觀」。

SECI模式的社會化是經過交互主觀性的三個階段，以組織的觀點共創內隱知識，並產生「我們的主觀」的歷程。

胡塞爾主張的交互主觀性三階段與發展心理學[12]的見解吻合，即人類意識的形成從嬰幼兒期算起有三個階段。

最初，人類的DNA中就埋入「我—你」的交互肉身性，宛如嬰幼兒和母親的關係般主客未分，這是無意識的機制。不久之後自我逐漸發展，藉由「我—它」關係將對方客體化，試圖以分析的角度加以掌控。

但是，一個人即使在自我發展之後，仍會從較高次元之上的自我中心解放，以無心無我的狀態與他人互動，並在「我—你」關係當中建立交互主觀性，並產生「我們的主觀」。

從交互主觀性的角度看HILLTOP的管理，就可以發現「我—你」的關係會在各種場合中產生。如同以下這些實際例子。

11 Thou是You的古文講法。

12 發展心理學：研究人類在年齡增長當中出現的心理發展變化。

經營講座③ 共感始於「相遇」，從「配對」而生

HILLTOP鼓勵員工接受新挑戰的「腦力工作良性循環圈」並非閉門造車，而是容納各種相遇的場域。

無論是工作輪調期間、從加工的師傅身上學習，還是由資深員工和年輕人搭檔的親子制度，都是為了培養多種能力。對外，由員工職掌徵才活動的公司說明會和徵才面試也是接觸產生共感的機會。布伯認為接觸是「從自我中心解放，自己與對方合而為一後，所產生的無心無我態度。」

共感（交互主觀性）始於人與人之間的相遇。值得注意的是，HILLTOP各種相遇的場域當中會產生「我—你」關係。親子制度是「我—你」關係，意識到自己招募的員工進了公司之後，也就對他們有了責任，這也會產生「我—你」關係，對方將會成為不可取代的「你」。

相遇當中獲得的經驗將會吸收為自己的內隱知識。內隱知識會在與對方共感的同時，透過對話轉化成外顯知識。親子制度當中的資淺員工表明「想做的事情」，逐漸邁向新挑戰。這正是知識創造的原初方式。

原本人就是知識的結晶，而新知識會在人與人接觸當中誕生。腦力工作的良性循環是知識創造的歷程，基於接觸和共感運轉。這是HILLTOP的經營特質。

另一個值得注意的地方，則在於「我—你」關係常會從「配對」而生。親子系統和徵才面試便是在配對，工作輪調期間從師傅身上學習時，也會締結配對的關係。當人與人面對面形成配對時，就會在不知不覺中產生主客未分「我—你」關係的交互肉身性，接下來要是進行對話或鬥智，就能從「我—它」關係發展為高次元的「我—你」關係，獲得「我們的主觀」。

即使是三個人以上的場域，面對面談話和鬥智時也會形成配對的關係。HILLTOP員工舉辦的公司說明會針對多名求職應畢生，假如自始至終都是將對方客體化成「我—它」關係，就只會締結單向關係。另外，對象的「它」可以隨時替換成其他東西。

HILLTOP將公司說明會託付給年輕員工，讓他們用自己的眼睛瞭解自己的公司，用自己的語言表達。這將會喚起年輕員工與參加者之間的對話，開創配對、接觸，形成共感，締結「我—你」關係，豐富知識創造力。

以接觸場域活化組織的個案來說，最近蔚為話題的三麗鷗彩虹樂園V型復甦也是一例。彩虹樂園二〇一四年的年間遊客人數為一二六萬人，到二〇一八年則急速成長為二一九萬人，增加七成以上。經營樂園的三麗鷗娛樂公司總裁小巻亞矢，以館長身分主導復興的戲碼，也獲頒《日經WOMAN》雜誌遴選的「二〇二〇年度女性」大獎。

當小巻女士在二〇一四年前往三麗鷗彩虹樂園赴任參與重建時，工作人員之間洋溢著停滯不前的氣氛。她體會到大家缺乏合作和溝通，於是就全力設置員工之間接觸的場域。

其中一個典型的例子是「對話慶典」。閉館之後員工不分部門或職位，都要在館內的餐廳集合，以一對一的配對坐在面對面的椅子上兩兩相向。首先從自我介紹開始，談論一、兩分鐘的不分性別或年齡都能輕鬆聊天的主題，像是「喜歡彩虹樂園什麼地方」或「喜歡的食物」等。接著就換個位子，再次以一對一的配對兩兩相向，陸續在約九十分鐘裡跟許多人交談。談話內容不拘，只有兩規則須遵守，「要以對方容易理解的方式講話」和「不否定對方的話」。對話慶典的目的是要在下次見面時，建立輕鬆談話的關係。

除此之外，還營造出各種接觸的場域，像是「工作坊」會將員工分成大約十人的小組，討論在彩虹樂園工作的自己；「熱身朝會」則會配合館內工作人員的輪班，每天舉行九次，或徹底落實對兼職人員的問候等。

實現V型復甦的直接原因是主要目標客層從兒童轉移到成年女性身上，例如為目標客層量身訂做的音樂秀及其他內容層面的革新。只不過，員工陸續提出新企畫與小卷女士苦心營造接觸的場域，兩者之間並不是沒有關係。

接觸造成的共感以某種形式成為V型復甦的後盾，讓人想起薩帝亞・納德拉在微軟推動的企業文化改革和V型復甦。

經營講座④　新知識在「第二人稱」的領域當中萌芽

讓我們試著用別的觀點來看。「我─你」關係的配對屬於「第二人稱」的領域。只要看看HILLTOP經營方式進步的過程，就會發現這是從常常站在第二人稱的領域中設想出來的。

剛開始是要架設HILLTOP系統。首先，副總裁山本昌作先生說：「不愉快的事

媒合個人與組織的第二人稱交互主觀

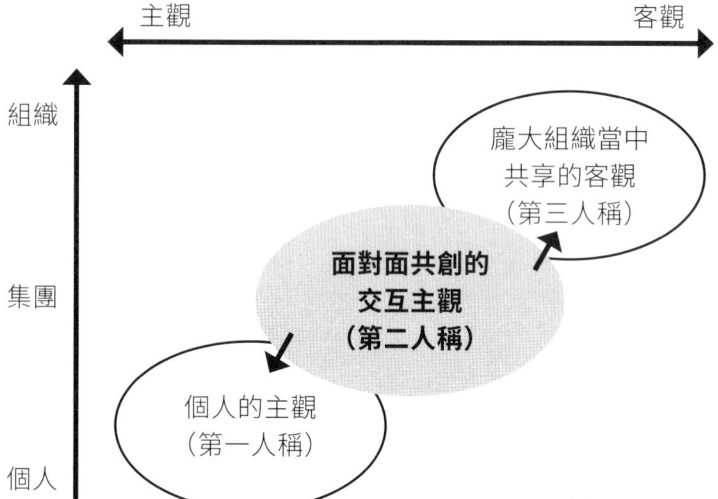

出處：©Nonaka.I.

剛開始藉由面對面造就的第二人稱交互主觀，從中會產生認識自我的第一人稱個人主觀，並建立組織或社會層面共享的第三人稱客觀（諸如概念）。

情也不想強迫員工去做。」就是站在「我—你」關係的第二人稱領域，站在每個員工的角度共感，從擁有「我們的主觀」出發。

就連剛開始持封閉態度觀望的師傅，也透過對話和鬥智，從「我—它」關係發展成「我—你」關係，達成「我們的主觀」。

這就表示，雖然

自己和他人就實體來說有所區別，但若在經驗和行為的事件領域當中產生「我們的主觀」，經營者就可以與員工一心同體。於是昌作先生就具備了「想要做富有人性的腦力工作」的「第一人稱」個人主觀。

一個人剛開始具有第一人稱的個人主觀，據此判斷和行動。當然，第一人稱是個人判斷和行動的起點。相形之下，試圖在組織當中採取某些行動時，剛開始會是第二人稱的關係，從中推導出第一人稱個人的主觀。

換句話說，剛開始是對他人的共感從中觸發自己的內隱知識，激起個人的主觀。只不過，照這樣下去組織並不會動起來。要以第二人稱與他人共感，產生「我們的主觀」，進而抱持第一人稱「我想這樣做」和「我要成為這樣的人」的個人主觀，再以此為基礎讓組織動起來，就會需要在「第三人稱」的領域當中奠定客觀的概念和假設。這就是SECI模式當中的外化。

就HILLTOP而言，會架設HILLTOP系統，是因為提出組織內部的共通概念，也就是「例行的切割加工作業由機械自動完成，人類則設計程式」和「二十四小時無人加工的夢幻工廠」。

但同樣是發展業務，有時也會陷入矛盾。原本為了確保員工自由運用的時間而將程式最佳化，結果訂單增加，員工被迫消化這些工作，所有的時間反而被例行公事填滿。

因此，首先經營策略部長山本勇輝先生站在第二人稱每個員工的立場共感，抱持「讓我們做富有人性的工作」的第一人稱想法，再以第三人稱的客觀概念「透過人工智慧自動設計程式」讓組織動起來。

團隊領袖和成員、高層和員工、上司和部屬及員工之間，最基本的人際關係是配對，新知識會在第二人稱的領域當中萌生。假如從中湧現第一人稱的想法，就要提出第三人稱的概念讓組織動起來。

相形之下，過度分析、計畫和遵守法令可能會讓每個人望而卻步，使組織停滯不前。

新知識源於人與人的相遇。要怎樣在組織內外安插各種接觸或配對的場域，落實任何人都能以第二人稱思考的組織風氣？HILLTOP每年多達二〇〇〇名視察觀摩者來訪，就是一個良好的示範。

經營講座⑤ 企業重視交互主觀性的對策案例

將孕育交互主觀性的場域融入組織當中並為此做過各種努力的大公司也不在少數，以下介紹幾個經典例子。

衛采將工作時間的百分之一與患者共同體驗

日本最早將知識創造理論吸收到管理當中的是衛采製藥公司（Eisai）。衛采在SECI的四個模式當中，最重視的就是社會化。

衛采揭櫫的企業理念「人類醫療保健」（human health care, hhc），指的是「明確認知到醫療保健的主角是患者、家屬及共同生活者，透過提高他們的利益發展業務」。

衛采認為：「關鍵在於每個員工要陪伴在患者的身邊，以患者的觀點思考，察覺到他們那些無法言喻的想法。」要求全世界所有員工將工作時間的百分之一（每年二．五天）與患者一起度過，共同體驗。

員工參加老人看護設施的看護實習，與失智症長者接觸，並在體驗看護的同時共享肉身性，進入第二人稱交互主觀性的領域，直接接觸喜怒哀樂，與患者之間感受「我們的主觀」。透過這種直接的經驗，就會釐清「自己想成為什麼」和「我想做什麼」的第一人稱想法，從第三人稱的觀點概念化，活用在藥物製造上，實現人類醫療保健的理念。

京瓷的聯歡會

京瓷舉行的「京瓷聯歡會」也算是形成交互主觀性的場域。京瓷創辦人稻盛和夫先生的稻盛經營哲學，受到立命館大學的重視，進而設立「稻盛經營哲學研究中心」，目的就是從各種學術角度研究、推廣，讓這套哲學能夠活用在全球上。由於野中擔任這所中心的顧問，因而得以實地參加聯歡會。

京瓷的聯歡會是一個不管在哪個工作崗位上，都有機會能在觥籌交錯中交換意見。在專用的大房間裡，上司和部屬一視同仁，每個團隊坐成圓形，肩並著肩，圍繞在一個鍋子旁。接著設定主題，彼此真心交談，內容從工作方式到人類應有的生活方式都有，最後再由每個團隊的領袖歸納結論。

「京瓷哲學」是一種獨樹一格的哲學，以「利他之心」為中心概念，總結稻盛先生從經營京瓷當中學到的東西。甚至在聯歡會上，最後也會根據京瓷哲學為討論畫下句點。

耐人尋味的是，京瓷認為獨飲是「利己主義的象徵」而嚴格禁止，每個人都要貫徹利他原則，一心一意為對方倒酒。就像這樣在觥籌交錯的討論當中產生交互主觀性，根據京瓷哲學，逐漸形成「我—你」關係的「我們的主觀」。

另一方面，京瓷在日常的業務當中，則實施阿米巴經營的部門別盈虧制度。它的特徵在於整個組織按功能劃分成小團體叫作「阿米巴」，阿米巴之間依照流程順序進行內部交易。一個阿米巴從上一個流程的阿米巴以內部交易購買的價格要包含經費，加上利潤之後，再以內部交易賣給下一個流程的阿米巴。從銷售額扣除的經費，會視為那個阿米巴創造的附加價值，再除以所需的總勞動時間，算出平均一小時的附加價值，當作衡量業績的指標。

假如阿米巴想要從上一個流程便宜購買，再於下一個流程高價出售，阿米巴之間就會產生利害衝突。這時，阿米巴領袖跟對方阿米巴領袖就會在第二人稱關係當中，基於「利他之心」找回「我們的主觀」，心中抱持「自己想成為什麼」的第一人稱主觀，再以第三人稱的觀點想出兼顧每個阿米巴利弊得失的方法，讓阿米巴動起來。

此外，稻盛先生擔任日本航空（Japan Airlines, JAL）董事長時成功改組內部，也是以共感為原動力。稻盛先生提倡企業管理要將「判斷身而為人何謂正確」和「珍惜利他之心」等哲學放在損益之前。就連當初在領袖教育培訓時反彈稻盛先生的幹部，也在培訓後的飲酒會上敞開胸懷，並在互相聊天當中逐漸抱持共感。

另外，員工也對稻盛先生前往機場現地，直接與自己交談的模樣共感。稻盛先生、幹部和員工之間就像這樣形成「我們的主觀」，從中釐清每個人「自己想成為什麼」的第一人稱主觀，從管理團隊到第一線的員工，所有人都發揮自己的創意縮減成本，藉由全員經營加速日本航空的改組。

本田的談心會

本田在開發新車時，開發人員所舉行的「談心會」，也是透過共享肉身性形成交互主觀性的典型。這項活動又稱為「山居會」，按照傳統，團隊成員要離開公司集訓三天三夜，擺脫日常的工作環境，彼此之間喋喋不休地反覆討論。

第一天，團隊成員會在不知不覺中彼此共感，然而當討論開始後，個人與個人就會相互碰撞。這時會動員各種自己具備的知識交換意見。假如要徹底討論，有時會變得氣勢洶洶，但因為是集訓，所以無處可逃，虛有其表的外顯知識很快就會用罄。

到了第二天，內隱知識會浮上檯面，以全人的觀點面對面，接受對方的存在，瞭解彼此的想法。

而在第三天，則會共享生活了三天三夜的時空，透過身體的共振、共感和共鳴，達到「我們想要製造哪種汽車」的「我們的主觀」。接著領袖會藉由打破自己窠臼的建設性思考，釐清「我想用自己開發的汽車實現什麼目標」的第一人稱想法，再從第三人稱的領域中讓概念跳躍起來，實現創新。

本田最近締造創新的顯著案例是商務噴射機「本田噴射機」（Honda Jet），藉由將噴射引擎配置在機翼上的創新，實現同類產品中的頂級水準，最高速度、油耗性能、靜肅性和室內容量等優勢。

專案領導者藤野道格雖然沒有參加談心會，但在日常工作中面對矛盾時，他總是以一對一全人的觀點面對專業人士，認真鬥智及討論。藉由配對在「我—你」關係的境界當中找出解決方案，這也稱得上是配對造就的談心會。

7-ELEVEN的商品化團隊

7-ELEVEN獨力開發的獨家商品及Seven & i集團自行開發的自有品牌「Seven Premium」，都是以「商品化團隊」（Team MD）的方式進行。團隊是由商品開發負責人和廠商負責人以對等的立場組成。

這個方式始於7-ELEVEN草創期的創辦人鈴木敏文，前SEVEN & i控股公司董事長兼執行長（現為名譽顧問），為了在門市銷售便當和飯糰，而去拜訪當時某家無名的廠商。

剛開始鈴木先生委託製造時，遭到那家廠商經營者的拒絕。理由在於他們曾經為了簽約至今的大型企業不惜設立工廠，該大型企業卻片面終止交易，表示「以後我要自己製造」，所以就「不想再被大公司擺布」。

因此，鈴木先生就提議從「交易」轉念為「搭檔」，要在一起工作的同時擁有共同的目標，為顧客提供有價值的商品，而不是發包方和承包方的關係。從此以後商品化團隊就開始運作了。

這是勝見以前取材過的案例。當時統率7-ELEVEN商品總部的石橋誠一郎先生（SEVEN & i控股公司常務執行董事，兼任集團商品策略總部長）在職掌食品開發時期，與日清食品技術領域的O先生組隊，開發日本第一個重現知名拉麵店味道的商品，大發利市。

日清第一次和便利商店合作。即使對於日清的負責人來說，重現知名店家的味道仍是多年來的夢想。「這項企畫還是要日清冠名的商品才行，因為就只有日清的技術才辦得到。」日清負責人對說出這番話的石橋先生共感，於是展開開發工作。

第一波的候選名單是在札幌開店的知名味噌拉麵店，當新橫濱拉麵博物館開張時，即使館長本人三年來跑了五十次以上，對方也仍然不斷拒絕開分店，到了開張三個月前才終於點頭答應。

要是委託時沒付出任何努力，也會落得吃閉門羹的下場。找經營者提案之前，自己要先做出能夠懷著自信帶去的樣本，爭取對方的同意。石橋先生和O先生造訪拉麵博物館和札幌總店好幾次，用自己的舌頭驗證味道，反覆試作再試作。

他們在店裡一起吃麵時，石橋先生會問：「這是什麼味道呢？」而將試作品放入口中時，石橋先生會敦促更好的改良：「這裡能不能再稍微那個一點？」、「那個味道要怎麼做出來？」石橋先生的熱情和高標準要求不會輕易妥協，這激發了O先生的鬥志，「竟然有人（石橋先生）能做到這種地步」。三個月之後，歷經無數次試作的結果，「看起來完美的東西」完成。

他們下定決心「一定要成功」、「假如不符合要求就不會銷售」，前往拉麵博物館地下一樓的店舖，經營者吃過試作品之後笑容滿面，就這樣明白商品化的魅力。「杯裝拉麵竟然能做到這種程度啊。雖然和真的不一樣，但也別有一番天地。」

爾後，札幌總店教導日清的工作人員調製湯頭的方法，發售之後就呈現爆炸性的銷量，甚至來不及生產。石橋先生針對此次成功的最大因素這樣說：「我們一起吃麵、一起思考，說出我方該說出的話，傾聽對方的講法，產生團隊共同打造商品的意識，才得以實現目標。」

商品開發負責人和廠商負責人透過肉身性的共享彼此共感，與顧客產生共鳴，共感和共鳴的同時推導出假設，推動商品化。7-ELEVEN的獨家商品和Seven Premium商品化團隊主導的商品開發當中，就有許多類似的案例。

據說，所有7-ELEVEN門市一天的平均銷售額高出其他連鎖店兩成以上，主要原因就在於商品開發能力。另外，二〇一八年度Seven Premium的全年總銷售額約為一兆四千億日圓，幾乎是其他自有品牌商品的兩倍。

接下來這本書會提出案例，說明追求「理想形象」的製造者如何透過強烈的共感，產生強大的商品化能力並化為業績。

經營講座⑥ 人與人之間透過影片也能共感

不論是佛子園或HILLTOP，都是藉由人與人直接接觸的場域，也就是透過肉身性共享，展現共感重要性的例子。另一方面，最近使用視訊電話遠距工作、遠距視訊會議和其他相關科技也普及開來。這一章的最後將會查證是否能透過數位影像，產生與共享肉身性時同樣的共感。

ClipLine公司的案例就這個問題提出了一個解答。這家公司為擴展多家門市的服務，提供新的員工教育系統，使用影片導覽成功降低離職率，備受矚目。以下是兩位作者取材的概要。

◎**參考案例　ClipLine線上影片導覽系統**

該公司開發的「ClipLine」系統位在雲端（cloud）上，現場的門市人員可以和總部之間進行交談。

工作人員在門市從平板電腦登入後，就可以觀看一種叫做Clip的影片導覽。除了觀看之外，還可以用智慧型手機等設備自拍或由同事幫忙拍攝影片發布，所以能在平板電腦的螢幕上羅列比較範例和自己的影片，察覺差異和需要改進的地方。

另外，自己的影片可以當成報告提交給總部，即使位在遙遠的地方，也能從負責指導門市經營的主管那邊獲得評論（評價、留言）回饋。這支影片還會在其他門市的工作人員面前公開，所以也能在工作人員之間獲得「按讚」的評價和留言。

這項系統還有一個很大的特色，假如工作人員認為「這種做法比較好」，主動發揮創意改良工作方法，拍攝影片發布，而總部判斷「這比範例還要好」，就會當成新的教材傳送到所有門市。

發掘現場工作人員常遭埋沒的智慧，透過影片「具象化」，與其他門市的工作人員共享，再回流到現場當中。這項機制的基本思想就在於「打工和兼職人員也希望能有所貢獻」。

值得注意的是，企業引進這套系統有效降低離職率。有一間二十四小時營業的健身房，經營型態是由兩名打工兼職人員管理，正為高離職率所苦。引進這套系統後，半年內的離職率就從百分之三十四急遽減少到百分之九，一年也從百分之七十砍半成百分之三十六。

另外，現場工作人員也會試圖藉由影片，提出自己設想的新工作方式，與其他門市共享。工作方式的變化不但會降低離職率，也會反映在業績上，例如提高顧客的持續使用率等。從影響工作方式改變的因素來看，除了喚醒健身房幹部的「貢獻感」之外，「團結感和歸屬感的滿意度也會很大」。

幹部接著說：「以前，工作人員離職率高的最大原因是得不到周遭旁人充分的指導，以至於心理上感到不安。引進這套系統之後，除了藉由觀看Clip大幅增進提供服務的水準之外，不同門市的工作人員也一樣能在Clip上認識彼此，對發布的影片互相『按讚』或留言，就算沒實際碰面也會產生聯繫。因此，每年一次召集所有工作人員的大會上，即使是初次見面也會像老友一樣融洽，表現出非比尋常的熱切。假如新分店徵求支援，就會立刻舉手。ClipLine會催生工作人員社群，這實在太神奇了。」

為什麼ClipLine會催生出社群呢？提案人兼創辦總裁這樣說：「因為即使透過影片也可以彼此共感。」

「發布的影片會將工作人員現場獲得的內隱知識外化。觀看影片的同時，工作人員就能共享內隱知識。假如能夠共享內隱知識，就會孕育出場域。所以感覺會像是面對面見面，產生共感。」

即使是最早引進ClipLine的大型牛丼連鎖店，也沒將它定位為單純的教育系統，而是當成「公司內部新通訊工具的基礎建設」。這是將人際關係從單向的「教學」，轉換成相互的「聯繫」和「共感」。

ClipLine案例解釋

從創辦總裁的說明也可以看出，ClipLine的教育服務建立在知識創造理論的基礎之上。

要對他人共感，基本上就要以「一對一」面對面的方式共享肉身性，同時透過對話產生場域，甚至連對方細微的身體動作流向都要以五種感官感受，在共享內隱知識當中湧起共感。

另一方面，原本影像不具肉身性。不過，就算觀看對象是影片，鏡像神經元也會起反應，就像是透過電視觀看足球比賽，也會為白熱化的場面興奮一樣。

ClipLine的情況當中，門市工作人員自己拍攝自己工作的模樣，發布的影片是將現場體會的內隱知識外化成外顯知識，但是另一個看影片的工作人員，就能透過影片站在發布者的觀點，共享內隱知識。

然後，其他工作人員也會留言，發布者也會回覆留言，在數位時空當中產生對話的場域。即使沒有肉身性的共享，也可以跟面對面一樣，無限逼近第二人稱互相共感的關係。

實際引進ClipLine，知識創造會在彼此互相共感當中一環接著一環。工作人員觀看發布的影片，在互相共感的同時回顧自身，也會觸發自己在現場累積而來的內隱知識。接著會發現需改善的地方，覺得「我也想成為這樣」。另外，工作人員會主動以「換作是我也會這樣做」的第一人稱發揮創意，並在職場上提出或發布自己想到的新工作方法，藉由第三人稱的領域讓組織動起來，從中也可以看到知識的創造。

耐人尋味的是，知識創造的循環會發生在面對面在職培訓（on the job training, OJT）的「一對一」配對當中，相形之下，使用雲端的 Clipline 則是「1對n」的傳播。這時，n名工作人員會在各自面對 Clipline 之際，藉由前面提到的影片特性，建立擬似「一對一」的配對共感關係。

「1對n」就成本來說也能提高效率。同時，即使是「1對n」，也會在各人之間產生共感，讓知識創造的循環運轉。透過影片傳送、發布和共享兼顧效率和創造力，就是 Clipline 最大的特徵。

如今社群網站服務（social networking Sservice, SNS）廣泛普及，公司內部導入社群網站的企業和組織也逐漸增加。只要能將內部社群網站當作形成共感的媒介善加利用，就可以提升組織的活力。

ClipLine 或許顯示出，即使到了數位媒體時代，共感也將成為知識創造的起點，成為加速循環的重要資源。

第二章

創新誕生於「共感、直觀和跳躍性假設」

案例三

日產 Note e-POWER

睽違三十年邁向新車銷售第一名，馬達驅動的跑感加速汰舊換新循環

引言

HILLTOP 這則案例憑著經營者與員工及員工與員工之間的共感，撐起獨特的人才系統。在商務領域當中會產生各種共感，例如對顧客的共感、團隊領袖和成員的共感及對事物的共感等。

這一章的主題則是創新與共感。只要追溯企業活動到締造創新的歷程，就會想起「共感」、「直覺」和「跳躍性假設」等關鍵字。當開發

人員進入及共感對方的脈絡，觀點就會從「由外看」轉變為「由內看」，直觀以往沒注意到的事物本質，進而讓設想跳躍推導出跳躍性假設，並開創新知識。

日產（NISSAN）「Note e-POWER」的首次登場，就是在經營團隊的醜聞和管理動盪不斷中過關斬將。

開發人員站在駕駛人的立場，並在與顧客共振、共感和共鳴當中，直觀馬達驅動的本質；技術人員之間也會在互相共感中建立跳躍性假設，從加速到「靜止」都單憑油門操作，進而創造暢銷熱賣的汽車。共感圈會擴散到常常和電動馬達部門對立的引擎部門，接著是銷售部門。

這個案例顯示，即使是使用尖端技術，還是最近很熱門的人工智慧，在極為高度活動的企業管理當中，人類擁有的共感能力仍是創造新知識的原動力。

從「社團活動」開始的共感鏈帶來暢銷佳績

❶不踩剎車就可以「停車」

日本小型房車的市場發生了變化。變化起於二〇一六年十一月，日產汽車小改款「Note」在新車月銷售輛數（包括輕型車）當中位居首位，是日產汽車自「Sunny」以來睽違三十年的壯舉。

爾後這種車型的銷量也比預期高出一・五倍。翌（二〇一七）年，Note壓制豐田汽車（TOYOTA）的油電混合車（Hybrid Vehicle, HV）「AQUA」，獲得第一，以往AQUA在小型房車車型（總排氣量在一六〇〇c.c.以下的小型普通轎車）中為常勝軍。二〇一八年，Note在所有普通車的新車登記數當中超過豐田的「PRIUS」，榮登冠軍寶座。

其中最受到矚目的是，每個月都有約七成的購買者選擇「Note e-POWER」，這種車型採用一種叫做e-POWER的新驅動系統。

油電混合車在行駛時是由引擎和電動馬達適度輪流驅動，e-POWER則是靠電動馬達行車，引擎只用在電力發電上，所以不需要外部充電。最大油耗為平均每公升三七．二公里，與AQUA和本田「Fit Hybrid」同等級。安靜是電動馬達驅動的特色，在靜音方面此車型更展現出別於其他車種兩級以上的程度。

Note e-POWER的另一個特色，則在於準備了「e-POWER Drive」的駕駛模式。馬達減速時會將動能轉換成電力，運用產生的電力為電池充電。

這時，再生制軔（regenerative brake）的制軔力會發揮作用。關於再生制軔，日產開發出能產生強大制軔力的方法，最大能夠達到三倍以上的引擎制軔。所推出的車型能夠「單踏板駕駛」，只憑操作油門就能加減速，不踩剎車就可以「停車」。行駛在市區中，與自動變速車相比，改踏剎車的次數也減少大約七成。

不過，e-POWER在被分類為串聯式油電混合車，因此也有人認為Note e-POWER是油電混合車的一種，但這可能會誤導其本質。假如追溯開發的原委，就可以看出Note e-POWER是日產電動車（Electric Vehicle, EV）「LEAF」（第一代於二〇一〇年十二月發售）的進化形態之一，這項躍進開闢汽車跑感的新世界。

❷ 醉心於電動馬達驅動跑感的技術人士開始進行「社團活動」

故事要從日產賭上公司命運開發LEAF開始。電動車除了不會排放廢氣的環保性能外，還能將夜間剩餘電力儲存在大容量的電池中，用來當作家用電源，引起社會的關注。然而，參與開發的技術人員，則看到了完全不同的光景。

「這是用電動馬達駕駛汽車的樂趣。」第一產品開發部副首席車輛工程師羽二生倫之說。

他一直參與電動系統設計，職掌Note專案中的e-POWER系統開發。

「引擎的反應有點遲緩，是因為踩了油門之後，進氣閥就會打開，進行點火。反觀電動馬達則是將旋轉直接作用於輪胎，傳動系統簡單，起動時能夠發揮最大的扭力（torque，旋轉能力）。而LEAF所用的馬達是以一萬分之一秒的精確度操控，反應非常快，踩油門後就會以暢快的加速奔馳。也因為LEAF追求這樣電動馬達驅動駕駛的良好性能，讓發售後試乘者在駕駛後必定會露出笑容，也帶給顧客感動且留下深刻印象。這份跑感起於電力，所以我們稱之為「發麻駕駛」，把他們的笑容稱作「EV Smile」。

「用電動馬達駕駛汽車的樂趣。」這是只有帶頭開發電動車的日產技術人員，才會知道的汽車新價值、新形象。不過，在LEAF發售之前，針對電動車進行顧客調查時，大多數人是聯想到「高爾夫球車」，且普遍印象是「對環境有益但要忍受加速較慢」的現實。

如何讓大眾普遍知道電動馬達驅動駕駛的美好？日產的技術人員從二〇〇六年、LEAF的開發過程中，開始主動積極參與。當時，電動車的弱點在於不適合長距離駕駛，續航距離即使在充飽電時也只有約二〇〇公里。因此，日產著手開發增程發電機（range extender）技術，雖然基本上是外部充電，但也搭載輔助用發電引擎。比羽二生稍微大一輩的少數志願者，除了主要工作之外還主動幫忙開發，公司內部稱之為「社團活動」、「無償團隊」，得以推動e-POWER的誕生。

社團活動後來由羽二生那一代接替。起因在於替LEAF進行微小改款時，羽二生和職掌系統的同事們，發明一種駕駛模式稱為「B檔」，以增強再生制軔的制軔力。

羽二生說：「B檔不用改踩剎車就可以從高速檔減速，非常輕鬆，所以我們稱之為『輕鬆踏板』，簡稱『輕鬆踏』。假如讓輕鬆踏的制軔力變得更強，達到能夠『停車』的程度不是很有趣嗎？於是這次由我們辦社團活動，這就是開發單踏板駕駛的緣由。或許外界只會看到日產信守承諾（使命必達的目標）的經營理念，但其實在現場，則是有一個自由開放的空間，給予我們斟酌、決定是否自行實現各種創意，特別是在電動車，更會為了創造需求而這麼做。」

❸自尊心高的引擎小組接受「發電機」的稱呼

這一連串社團活動的成果引起商品企畫的注意，於是決定將它搭載在預定要小改款的Note上。Note在新車月銷售量當中常常排在第四～五名的位置，是可望能夠對抗AQUA和Fit的車型。

已經內建引擎的Note和LEAF一樣，需裝入馬達、變流器（inverter，控制各個零件之間的訊號交換）和發電機之類的零件，開發團隊運用一種技術將電池收納在前排座椅下方。解決收置這項難題之後，接下來挑戰的主題是「日產應該製造什麼樣的電動馬達搭配電動車？」

除了提高跑感的駕駛性能之外，還必須同時解決靜肅性、油耗和成本等問題。靜肅性和油耗與引擎息息相關，如果汽車加速之後，輪胎聲、風切聲和其他行駛聲會掩蓋引擎聲，則引擎就能以最高效的轉速發動，並在短時間內充電完畢，更能降低油耗、提升舒適性。

「但是，顧此失彼的權衡會不斷發生。」扮演協調角色的羽二生說。

「馬達小組、引擎小組、系統小組、評估小組和其他各團隊，每天早上都會集合，決定當天應當解決的課題。然後，每個星期會舉行一至兩次權衡檢討會，做出重大的決定。就在如此循環反覆當中解決權衡問題，操控協調性。假如汽車以時速五〇公里以上的速度行駛，引擎以每分鐘二四〇〇轉發動，噪音和燃油消耗便取得平衡，不會偵測到引擎聲，以解決靜肅性。」

關於最重要的追求「用馬達駕駛汽車的樂趣」，強調的是將試乘後的乘坐感與資料比對，討論及規格化的歷程。就在號稱「晨練」的早上，團隊成員搭乘實驗車在測試跑道上跑了又跑，邊吃早餐邊檢查問題。另外，還準備數十輛實驗車，跑遍全日本。實證實驗的總行駛距離長達約三〇萬公里，相當於地球的七．五圈。「我們追求的是駕駛樂趣，只有擁有電動車的日產才會懂，這就是所謂的『祕傳配方』。因此，要如何定義馬達驅動的全新進化、所追求的汽車形象，就需要全體成員共享。就這一點來看，我們每個人都搭乘LEAF，在電動車上留下自己對它的期望。e-POWER是建立在LEAF的資產上。」羽二生說。

有個小故事可以說明這一點。專案團隊是從LEAF的開發人員調度而來，再加上引擎小組。電動車系統的技術人員將引擎和馬達統稱為「發電機」。當初引擎小組強烈反彈，然而在開發結束時，就以同為開發小組的身分，對電動馬達驅動的意義表示共感，接受這個稱呼，專案才得以完成。

這個故事傳到其他公司之後就蔚為話題。「日產竟然當著自尊心高的工程師面前統稱『發電機』，這是歷史性的壯舉。」

❹ 行銷大隊傳達給使用者的共感鏈

繼開發團隊之後，行銷團隊也面臨重大挑戰。

行銷總經理南智佳雄說：「我加入公司大約三十年，這種類型的汽車還是頭一回碰到，跑感真是令人感動。開發團隊的技術人員傾注心血營造『用電動馬達駕馭汽車的樂趣』，假如不能告訴顧客這一點，Note的e-POWER便無用武之地。因此，我們行銷團隊也下定決心，做出兩項決策。」

第一個決策是「別將e-POWER稱為油電混合」。假如當成油電混合車出售，就可以在某種程度上判讀市場的反應。相反地，沒有打出油電混合車的名號，就可能有難以普及到市場的風險。但是，這無法傳達技術人員的想法。為了主張這是前所未有的新類型，於是決定大膽使用e-POWER這個專有名詞。

第二個決策是「別硬要用言語表達跑感」。南繼續說：「當時我提出好幾個方案，像是呼嘯奔馳或在冰上滑行，卻找不到一個精準的詞彙形容，它很難用言語表達。於是就像技術人員用身體感受一樣，也讓顧客用身體感受，想出讓顧客體驗『EV Smile』或『輕鬆踏』的試乘策略。電視廣告使用『發明』的宣傳標語，也是要引導、邀請民眾試乘：『既然都說是發明了，就來搭乘看看吧。』」

日本全國二一〇〇間銷售店每間配備兩輛試乘車，是一般試乘的兩倍。此外，以「要你『一踩鍾情』」為廣告標語，全力宣傳此電動馬達的魅力，進而招攬顧客。

試乘路線也有紅綠燈和坡道，費盡心思安排亮點讓單踏板駕駛發揮威力，並與大型物流業者永旺（Aeon）和網路購物的亞馬遜合作，舉辦一系列的活動，例如在停車場試乘或試乘車宅配等。

「試乘的結果令人驚豔，每個顧客為這份跑感所感動。雖然以往有七成的購買者會將以前的Note汰舊換新，不過通常都是在購買後七年、第三次汽車檢查時才更換。但在Note e-POWER推出後，有許多人是在第一或第二次車檢時試乘，就決定汰舊換新。更有人在例行車檢前就來試乘並決定購買，急著換購車子，替代週期大大加快了。」南說道。

剩下的三成是將其他公司的產品汰舊換新，其中還包括將既有的油電混合車進行換購。這是前所未有的現象。

南指出：「這是我從經銷商聽來的資訊，某家同行大廠對此感到憤怒。我們可能踩到老虎的尾巴，要打起精神留意之後到來的反攻。」

Note e-POWER的暢銷告訴我們什麼？美國加州由於零排放車輛（zero emission

vehicle, ZEV）法規，油電混合車將在二〇一八年後被排除在零排放車款之外。法國和英國也宣布政策，預計在二〇四〇年之前，全面禁止銷售汽油和柴油車輛；中國和印度也推動電動車優惠措施。為了應付世界級加速的電動車轉換潮流，豐田與馬自達（MAZDA）締結資本合作，打出共同開發電動車的方針。

不過，一旦正式開發電動車，就必須在汽車的駕駛性能方面，將價值觀從引擎文化轉換成電動馬達文化。就如e-POWER的發展所示，日產早一步進入了新世界。假如豐田「認真」起來，想必會窮追不捨。屆時，就一定會展開全新的電動馬達驅動「跑感競賽」。

解釋篇

能夠直觀事物本質的人，即可推導出「跳躍性假設」

經營講座① 在與顧客共振、共感和共鳴的同時直觀本質

在e-POWER的開發當中，「單踏板駕駛」堪稱為一大創新，以前所未有的概念製造汽車。這項創新是如何產生的？

邏輯推論方法可分為演繹法（deduction）和歸納法（induction）。演繹法是從既有的普遍命題推導出合乎邏輯的解答，歸納法則是從現實當中的具體經驗找出關聯。

演繹法的思考方式是「所有的人都會死」↓「蘇格拉底是人」↓「所以蘇格拉底會死」。歸納法的思考方式則是「以前看過的天鵝都是白的」↓「所以天鵝是白的」。

明確來說，創新不是來自於演繹思考。即使在e-POWER的開發中，油門基本上也是用來加速，單踏板駕駛並非源於演繹思考。另一方面，單純的歸納法則往往會停留在誰都想得到的同質關聯當中。

跳躍性假設無法由演繹法或單一的歸納法形成

演繹法 (deduction)	歸納法 (induction)	逆推法 (abduction)
所有的人都會死	所有的人都會死	身體即使死亡，精神會永遠繼續活著。
↓	↑	↑
A是人	A死了	死亡是怎樣的一件事呢？
↓	B死了	↑
A會死	C死了	A死了
	⋮	(經歷身邊的人死亡)
以邏輯思考詳細分析普遍性命題，推導出結論。	觀察個別現象或事實，找出法則。	直接經歷的同時與他人共感，過程當中會從自己的內在湧起本質直觀，據此建立跳躍性假設。

要引發創新就需要一種叫做「逆推法」的構思方式，讓設想跳躍到異質的非連續性關係，建立假設。也就是藉由跳躍性歸納法形成的「跳躍性假設」。逆推法的聯想方式是「大多數天鵝是白色的，但在某些條件下也會有黑色的天鵝」。

那麼，Note e-POWER的開發人員為什麼會想到單踏板駕駛這項跳躍性假設，從加速到靜止都能單憑油門自在操作呢？那絕對是因為直觀馬達這種動力來源的本質。

事物的本質是不因時間和地點改變其普遍意義和價值，所以問題就在於如何掌握本質。

舉例來說，松尾芭蕉的「古池蛙飛入水音」這個句子的本質是什麼呢？眾人認為是傾向於「朝著某個方向」。不過，要掌握這個句子的本質，就需要推測芭蕉的意識朝著什麼方向。

芭蕉體驗到青蛙躍入的「水音」時，感受到的是聲音背後的靜寂。換句話說，這個句子的本質是靜寂。只有當我們站在芭蕉的立場，徹底化身和移情於芭蕉，與芭蕉共振、共感和共鳴時，才會明白這一點。

商業也是一樣。當參與LEAF開發的技術人員體驗電動車駕駛時，意識就會朝向電動馬達特有的跑感，更甚於環保性能。這是因為他們的觀點並不是從身為技術人員的技術層面分析，而是站在駕駛人（顧客）的立場，徹底化身為駕駛人，與他們共振、共感和共鳴。所以，實際上試乘過的顧客一定會露出笑容，而「EV Smile」一詞也是表達對顧客共感的符號。

接下來，參與B檔開發的技術人員，同樣會將意識朝向電動馬達駕駛的有趣之處，踏板操作一次就能減速至「停車」，將駕駛樂趣的範圍擴展到制軔上。

就像這樣，技術人員在與顧客共振、共感和共鳴當中，直觀電動馬達動力來源的本質是「用電動馬達駕駛汽車行走的樂趣」，從電動車身上找到全新的意義和價值。再以此意義和價值為墊腳石，想出跳躍性假設「假如油門操作不只是加速，甚至能將制軔力活用在『停車』上，就會很有趣」。

倘若將「用電動馬達駕駛汽車的樂趣」套用到上一章提及的「我—你」關係，也就稱得上是與顧客之間產生第二人稱當中的「我們的主觀」。技術人員在第一人稱的領域中，各自懷抱著「讓這份樂趣廣為人知」的想法，展開「社團活動」。然後藉由「單踏板駕駛」的跳躍性假設，提出第三人稱的概念，完成這項技術。

將這項概念落實的開發過程中，當然也需要演繹法和歸納法的邏輯推論和邏輯分析思考，這是科學思維。另一方面，共感、本質直觀和跳躍性假設是藝術設想的世界。這種意義上的創新是藉由藝術與科學的融合方能實現。我們可以肯定地說，單憑科學無法達成創新。

「上帝藏在細節裡」（God is in the details.）是二十世紀著名建築師密斯・凡德羅（Mies van der Rohe）的名言。能以直觀的方式看透現場個別具體細微現象背後的本質，是創新者不可或缺的條件。然後，一旦現象有了新的意義和價值，就可以當成墊腳石推導出跳躍性假設（逆推法）。這是產生創新的基本知識方法。

經營講座② 「共享直接經驗」和「隱喻」能有效將本質直觀組織化

人在看到紅花時會感覺到「紅」，藉由此體驗主觀獲得的感覺或質感稱為「感質」（qualia）。技術人員直觀「用電動馬達駕駛汽車行走的樂趣」的本質也是感質。由於感質屬於內隱知識（經驗、體現知識），因此要一個人要傳達給另一個人並不容易。

傳達感質最有效的方法是分享直接經驗。從這個意義上來說，行銷團隊採取的試乘方法可說是極為有效的策略。

開發時，技術人員會在「社團活動」上分享直接經驗，體驗感質。以SECI模式來說，即共享內隱知識。經由這種社會化，將內隱知識外化，轉換成外顯知識，推導出跳躍性假設，也就是決定將單踏板駕駛搭載在預定要小改款的Note上。

要將電動馬達驅動零件裝進已經內建引擎的Note當中，需要由馬達小組、引擎小組、系統小組和評估小組等組織合併而成的開發團隊，以「日產製造的『引擎電動車』應該是什麼」為目標，挑戰汽車形象的構建。這是與既有的外顯知識結合再系統化的組合模式。

社團活動的成員要如何在整個開發團隊當中共享直觀的感質？值得一提的是，即使在組合化模式下，也會重視直接經驗的共享，謀求開發團隊的社會化。成員讓實驗者試乘，共享脈絡，體驗「駕駛舒暢的關鍵」，將感性轉換為數字規格化。

開發團隊集合擁有各種專業的小組，是以形式為本的組織所組成。相形之下，當「自己想製造什麼」和「為了什麼」的意義成為基礎時，就會產生「場域」。

藉由共享直接經驗讓開發團隊從形式為本改變成以意義為本的「場域」，就有機會成為本質直觀的組織。這就是引擎小組也共享感質，接受「發電機」這個稱呼的故事。

共享感質的另一個特徵是有效地使用表達感質的隱喻，例如「發麻駕駛」、

「EV Smile」和「輕鬆踏」，在行銷策略中，也出現「一踏鍾情」的隱喻。

而內隱知識可說是要「掏心」或「掏肺」感受，無法用言語道盡。所以要用隱喻和類比表達，在試乘的同時體驗發麻的感覺與何時會露出笑容，再將此轉換成數據資料。將內隱知識轉化成外顯知識的過程當中，隱喻和類比會以媒介的形式發揮重要的作用。

這則案例表明，愈是以共感締結的團隊，共通語言的隱喻和類比就愈豐富。

那麼，我們該怎麼做才能直觀本質，設想跳躍性假設呢？接下來的說明將會以案例四「讀賣樂園的Goodjoba」和案例五「馬自達的SKYACTIV引擎」為例。

案例四

讀賣樂園 Goodjoba

在遊樂場學習手作製造、特立獨行的新設施，為什麼會大排長龍？

引言

「Goodjoba」結合了遊樂園的「遊樂」和「手作」，這個點子再怎麼樣也不會出自邏輯分析。一切始於提案的管理高層對手作現場的製作者共感，直觀樂趣的本質在於「充滿人類的智慧」。

管理高層先是在進行閉園的計畫中，對海獅秀飼育員奮鬥的模樣共感，直觀園區復興的本質是「人才養成」。這項成果提高工作人員的企畫能力，恢復熱潮，進而在厚植資金能力的階段中，著手進行 Goodjoba 的專案。「結合遊樂和學習」的跳躍性假設，也是以顧客的觀點看遊樂園時，所直觀「樂趣的本質是相同的」。

就這樣，讀賣樂園復興的戲碼當中，管理高層在每個局面下的本質直觀肩負著轉動齒輪的作用。

那麼，該如何直觀事物的本質呢？這個案例指出以下四大要點：「由內部看現實」、「進入物我合一的境界」、「邊行動邊思考」和「擺脫公司的枷鎖」。

前經濟記者結合「遊樂」和「手作」的本質直觀能力

❶ 入場人數從六〇萬人至一九三萬人

採訪是在排隊等了四十五分鐘後開始的。Goodjoba 全名為 Good Job Attractions，是二〇一六年三月誕生於讀賣樂園（東京稻城市）的手作製造體驗區。旨趣是透過獨力開發的遊樂設施，讓遊客在遊樂當中學習各種產品的製造過程。是讀賣樂園自一九六四年開業以來，投入金額最高（約一百億日圓）的企畫。

Goodjoba 以二萬四千平方公尺、約東京巨蛋一半面積的舊停車場用地改建而成，裡面工廠（factory）櫛次鱗比，以汽車（CAR）、食品（FOOD）、時尚（FASHION）和文具（BUNGU）四大業種的工廠為形象，並與日產、日清食品、和亞留士（WORLD）和國譽（KOKUYO）各大企業合作。這些工廠中包含十五座遊樂設施及四個開放遊客參加的工作坊（二〇二一年預定在大正製藥的協助下，以健康飲料

「力保美達D」為主題，開設體驗太空旅行的室內型雲霄飛車「SPACE factory」）。

勝見於四月初春假期間造訪，每座遊樂設施前面都有排隊等待入場的隊伍。「汽車工廠」可以將喜歡的零件造型安裝在汽車車體上，再坐上去試乘。搭乘小船順著急流而下的遊樂設施「Splash U.F.O.」，能夠體驗「日清炒麵U.F.O.」一系列製造和烹飪的流程，很受歡迎，造訪那天要等一二〇分鐘才能入場。

所以勝見就先前往文具工廠，那裡等待時間較短，只需四十五分鐘。他試著玩「Campus筆記本挑戰」，題材是國譽主要商品「Campus筆記本」的製造過程。從搬運紙張、裝訂封面到檢查，要闖過每道流程當中設定的遊戲關卡，將筆記本完成。

就如當天工作人員所說明：「一天當中能夠通關整個流程的人可能不到一個。」要贏得遊戲需要相當優異的反射神經，這份難度反而是有趣之處，即使失敗了也會想要「再玩一次」。勝見大略看過區域內部之後，就前去採訪相關人員。

「請問您去過國譽館嗎？入口處的電視螢幕會播映實際工廠各個製造流程的影片，蘊含的資訊能夠當作小學生暑假自由研究的主題。」

Goodjoba的提案人關根達雄董事長（現為讀賣新聞集團總公司首席顧問、董事）得意洋洋地說。關根原本在母公司讀賣新聞工作，二〇〇六年擔任製作局長兼董事時，因為讀賣樂園的總裁驟逝，於是匆匆調職，翌年擔任總裁（二〇一四年起擔任董事長）。

當時遊客人數約六〇萬名左右，是全盛期的一半，預計關閉園區建造購物中心的計畫正在進行中。結果，二〇一六年Goodjoba締造一九三萬人入場的紀錄。現在，就由前經濟部記者勝見為各位追溯遊樂園振興的軌跡。

❷ 營運赤字的海獅秀帶來啟示

關根上任時，園區當中有個大家經常走動的地方，那就是花掉大量經費、赤字金額最大的海獅秀。「閉園之後飼育員會怎麼樣……」，當關根懷著這樣的煩惱觀看表演時，腦中突然掠過一個想法。

即使在數字方面是赤字，但園區中最努力的不就是飼育員嗎？他們除了表演之外，還要不分晝夜照顧和訓練海獅。假如其他員工的工作方式也能提高到跟他們一樣，是不是就可以克服難關了？指出追求的方向之後，或許就能喚醒員工沉睡的心。

再賭一次遊樂園吧。當關根決心要振興園區時，想起他當記者時曾經目睹手作製造現場的光景。

關根說：「當我去工廠觀摩時，發現現場很有趣，那時甚至連禁止進入的區域都進去了。即使到讀賣樂園赴任之後，也經常在園區裡走動。從過程當中發現無論是娛樂也好，手作製造也好，樂趣的本質都一樣，裡面充滿著人類的智慧。想必遊客也是感受到它的有趣之處才來遊樂園吧？既然如此，要是把娛樂和手作製造結合，讓遊客覺得更有趣。只要透過遊樂就能學習，更可以深入瞭解日本引以為傲的手作製造。假如遊樂園成為推波助瀾的幫手，就有存在的意義。就從這個發現開始著手。」

「KidZania」最初是提供兒童職業體驗所開設的設施，以服務業為中心。假如以手作製造為主題，就可以展現不同之處。關根向在娛樂領域上打滾多年的遊樂園事業總部副總經理曾原俊雄（現為該總部統括部長）下達指示：「我們去看看各地的工廠。」

那是二〇〇九年的事情。只不過，他沒有特別說明理由。

據曾原表示：「指令只有一個，就是要學習手作製造。」

從那時起，曾原就和關根花了三～四年時間一起去工廠觀摩。觀摩結束後等著曾原的是和關根的不斷討論。要是無法充分回答問題，就被迫再去同一間工廠兩次、三次。這跟我自己的工作有什麼關係？曾原的疑問漸漸湧上心頭。

「差不多要發火了嗎……」

關根見時機成熟，把目標方針告訴曾原。

他是這樣說的：「假如一開始就提出『結合遊樂和學習』的概念，那麼當我們造訪工廠，『遊樂』的層面就會先被凸顯。那手作製造呢？其實答案就在現場，我希望你能自己看到它。」

❸ 學習合味道杯麵的逆向思考

如何結合手作製造和娛樂並體現？當上開發領袖的曾原陷入苦戰，他四處拜訪企業，尋求合作。由於製造的獨門技術和工夫都必須由對方傳授，所以拿得出來的只有概念和假想圖，因為這是前所未有的企畫。

就在曾原遭到許多企業拒絕的過程中，陸續得到前述四家公司的認同。從結果來看，個個都是能夠切身感受手作製造的行業。接下來，興建遊樂設施的難關還擋在前頭。

「例如像CAR區的汽車工廠，讓遊客搭乘自己製作的交通工具，在安全上會非常困難。假如零件在試車時脫落，後面的汽車可能會壓到零件，造成麻煩。不過，製造汽車最能體驗Goodjoba的概念。所以為了增加安全性，我們就使用磁鐵吸附和電動起子機鎖緊螺絲。」曾原說。

試車的終點是出口車輛的船艙，此構想是關根強烈提出的想法，「我想讓他們學習汽車製造是如何維繫國家的出口產業。」

遊憩和學習的平衡也是個課題。Splash U.F.O.是搭乘小船，順著流經炒麵工廠之內的急流而下。途中有一個影像遊戲，要在前進的同時與妨礙製程的「壞蛋茶壺人」戰鬥。炒麵的油溫是一五〇度，因此透過阻止茶壺人企圖降低溫度，瞭解油炒適合的溫度。

還有一個場景是巨大的杯子從天而降，其中蘊藏著日清食品創辦人安藤百福發明合味道杯麵時發現的「逆向思考」，與其把麵放進杯子裡，不如將杯子倒蓋在麵上，更能妥善封裝。

「我也提供適當的建議，因此玩耍和學習之間的平衡為大約七比三。」關根說。

以下是由「學習派」的關根特別推動的工作坊。「駕駛實驗室」是由初次見面的參加者組成團隊，裝配汽車模型，比賽時間長短。這裡可以學習「改善法」（kaizen），釐清彼此的任務及縮短時間；「歡欣鼓舞時尚實驗室」則是以縫紉機縫製作品。

「遊戲派」的曾原當初曾經擔心工作坊「會有人參加嗎？」。「因為它包含強烈的學習要素，還需要額外付費，所花費的時間也要三〇分鐘左右。但是，當我們試辦之後，預約很快就額滿了。最令人高興的是，三代同堂的遊客當中，還有做孫子的以尊敬的眼神看著教他縫紉機的奶奶。」

關根以手作製造為主題，也是考量「要營造能夠一起對話的場所，讓維繫日本製造業全盛期的一輩與孫兒輩談心」。實際上，三代同堂的遊客真的增加了。

❹ 讓 Goodjoba 得以誕生的「兩段式火箭」歷程

遊樂設施和工作坊都需要企畫能力，尤其是工作坊內容每三～四個月需更改一次。而之所以能夠提升企畫能力，很大原因為關根全力投入的另一個振興靠山。

關根在共感海獅秀飼育員的工作時，直觀園區復興的本質是「人才養成」。當時沒有餘力投資結合遊憩和學習的新設施，因此採取的策略是運用既有的設施企畫各種活動提升集客能力，但同時也要求工作人員絞盡腦汁制定企畫，參與園區復興，推動人才養成。曾原說，當時他會在現場和工作人員一起制定企畫。

「當情況低迷的時候，工作人員的士氣並沒有上升。一旦我們自己的智慧能夠發揮，連打工和兼職人員都露出生氣勃勃的表情，企畫能力也增加了。」

企畫當中最大受歡迎的是二〇一〇年起的冬季燈飾服務「珠寶燈飾秀」。藉由世界首創以寶石色為主題的ＬＥＤ燈光，展演出夢幻般的夜間遊樂園。關根親自向世界級的燈光設計師石井幹子交涉，請她製作，每年改變花樣，也讓工作人員順勢磨練更多的企畫和接待能力。耀眼的光輝引起極大的迴響，遊客數量也開始直線上升。

關根說：「遊樂園的損益平衡點原本就很高，提升園區利用率以增加收入就成了一項課題。舉行珠寶燈飾秀期間，閉園時間最長可以從下午五～六點延到晚上九點，遊客人數也自此服務開始以來五年間增加為兩倍。同時員工舉辦活動的能力也提升，當初看到海獅秀飼育員努力時的想法化成了現實。」

關根以「兩段式火箭」形容Goodjoba成功誕生的歷程。

「假如活動策略沒有這麼精準，手作製造工廠或許還是會陸續追加一館和二館，但這樣就沒有衝擊性了。正因為在資金上和員工能力上做好準備，才會像『兩段式火箭』一樣，能夠一次投資一百億日圓，同時開設四座前所未有的新設施。」

❺ 追求本質的態度誘使合作企業拿出真本事

為了使手作製造體驗更加逼真，合作企業也付出很多的努力。

建造FASHION區室內型雲霄飛車「Spin Runway」的過程中，排隊等候區的牆壁上留下一大片空白面。於是和亞留土就提議：「讓年輕設計師畫點什麼吧。」而當指定內容是「那就畫個會突然刺激兒童情感的作品」時，一幅題名為「設計師的腦海中」的幾何學花紋圖畫就出現了。圖中描繪的是一位女性設計師設計衣服時，腦中所浮現的意象。

「原本還擔心要不要附上說明，不過就因為是貨真價實的企業所提供的作品，所以就任由孩子們去感受了。」曾原說。

Splash U.F.O. 也會在炒麵完成的終點附近，飄來貨真價實的麵香，營造逼真的感覺。這也是日清技術人員的提案，他們想出一種特殊的機關讓氣味瞬間擴散和消失。

之所以能夠從合作企業那邊獲得實在的解決方案，想必也是因為關根和曾原每天一心一意到處拜訪工廠，試圖瞭解手作製造的現場。追求本質的態度喚起合作對象的共感，誘發認真的心態，開創以往沒有的新事物。Goodjoba 的成功顯示出「GOOD JOB」的原點。

解釋篇

「本質直觀」重視「由內看到的現實」而非「由外看到的現實」

經營講座① 著眼於「主觀現實」而非「客觀現實」

該怎麼掌握事物的本質？這裡會試著舉出幾個方法論。

關根先生擔任報社的材料部長時，發生過這樣的小故事。

假如用來印刷報紙的大型滾筒紙紙芯變形，轉動輪轉印刷機時旋轉就會變得紊亂，而老手光是觸摸旋轉的紙張表面就可以感覺到紙芯變形。關根先生對於老手窮究工匠技藝的模樣表示共感，所以不斷前往現場學習，直到自己雙手也能共享這種觸感為止。

這則小故事充分展現關根先生構思的方法。他在手作製造的現場對製造者共感，站在製造者的觀點，進入製造者的邏輯脈絡，進而直觀到手作製造的樂趣本質在於「充滿人類的智慧」。

關根先生即使到讀賣樂園赴任，也會在現場巡迴，進入顧客的思維脈絡當中，進而直觀顧客會覺得遊樂園很有趣，也是因為裡面充滿人類的智慧。接著，重新賦予遊樂園新意義為「學習智慧的地方」，相信娛樂和製造的本質相同，再以此意義和價值為墊腳石，推導出「結合手作製造和娛樂」的跳躍性假設。

另外，關根先生走到遊樂園赤字最嚴重的海獅秀時，也看到飼育員的工作方式，對於「最為努力奮鬥」的飼育員共感，進入工作人員的思考脈絡，同時直觀復興的本質是「人才養成」。然後，他沒有將員工視為成本，而是賦予「復興推手」的新意義，奠定以下的跳躍性假設：「資金不足的部分不靠新設施，而是要靠工作人員的智慧提升集客能力。」

即使面對相同的狀況，能夠看到本質的人和不能看到本質的人有什麼區別呢？根據知名精神病理學家暨京都大學名譽教授木村敏指出，現實可分為實在（reality）和真實（actuality）這兩種意義。

實在指的是主體（自己）與客體分離，以旁觀者的角度從外部對客體的客體化，加以觀察。反觀真實則是驅策五種感官，站在客體的觀點，徹底變成客體，在主客未分的境界下進入「此時此地」的情境脈絡，建立深厚的承諾，從內部觀看[13]。

實在是透過觀察認知的現實，也是從外部觀察到的「冷酷現實」，真實則是透過經驗和行動認知的現實，從內部觀察到的「鮮活現實」。實在又稱為客觀現實，真實又稱為主觀現實。

關根先生在報社工廠觀察對著輪轉印刷機的老手時，所掌握到的不是從外部看到的客觀現實，而是從內部看到真實，藉由共感直觀手作製造的樂趣。

對於海獅秀飼育員的工作狀況，他也不是從外部旁觀，而是進入內部，站在與對方相同的觀點感受，從共感當中直觀復興的本質。要是從外部觀察，就只會具備分析的觀點，計較怎麼削減赤字。

就連HILLTOP也一樣，將員工所處的現實視為真實，而不是視為實在，就會回歸人類應有的本質。於是山本昌作先生提出HILLTOP系統，山本勇輝先生則想到要借助人工智慧自動設計程式。

要提高本質直觀能力，就必須認知現實具有雙面性，設身處地站在別人的觀點共感，同時進入情境脈絡，且不忘將事物視為真實的觀點。

經營講座② 就算面對實體也要藉由「物我合一」共感

關於實在和真實的不同，有一張耐人尋味的照片可以解釋這件事。照片當中的本田創辦人本田宗一郎先生蹲在測試跑道上，徒手接觸地面，凝視著眼前奔馳的摩托車。他將視線調整到與摩托車同高，驅策五種感官，用眼睛追逐摩托車，用耳朵聽引擎的聲音，用鼻子判斷廢氣和引擎燃燒的狀態，感覺傳遞到手上的振動。

這時，宗一郎先生徹底化身為握著摩托車把手的騎手，同時也移情到摩托車本身，亦即完全變成摩托車，將眼前的光景視為真實。

目前為止，這本書談到人與人之間的共感，另一方面，這張照片則暗示著人類也會對實體共感。該怎麼理解此現象？

舉例來說，「從樹上掉下的蘋果」的實體和「蘋果從樹上掉下來」的事件有什麼區別？根據前面出現過的木村所言，「從樹上掉下的蘋果」的實體是客觀的實體，與「我」看到景象的主觀無關。另一方面，「蘋果從樹上掉下來」的事件則不僅包括

13 節錄自木村敏撰寫的《時間與自己》（时间与自），一九八二年；《衡量心靈的病理》（心の病理を考える），一九九四年。

實體與事件有何不同

「從樹上掉下的蘋果」	「蘋果從樹上掉下來」
↓	↓
客觀的實體，與「我」看到景象的主觀無關。	同時包含「從樹上掉下的蘋果」的客觀事實，及看到「蘋果從樹上掉下來」的主觀經驗。
↓	↓
過程到此結束	「我」介於其中
↓	↓
實體（實在）	事件（真實）

客觀的實體，還包括「我」經歷事件的主觀，就因為「我」存在才會產生「蘋果從樹上掉下來」的事件。實體無論有沒有涉及人類都會存在，事件則是在與涉入其間之人的關係當中才會成立，生成為人類的經驗。

實在是將對象視為客觀實體的「實體現實」，而真實可以說是將事件視為實體的「事件現實」。處於「此時此地」進展的關係和脈絡當中親身經歷的現實，就會變成真實。

關於這一點，腦科學家茂木健一郎先生也提出耐人尋味的觀點。為什麼牛頓看到蘋果從樹上掉下來會想到「萬有引力」

呢？茂木先生在《腦內現象：「我」是如何被創造的呢？》一書中這樣說：「蘋果為什麼會自行掉落……（中略）……假如對此沒有任何興趣，就不會發現萬有引力定律。蘋果掉下來是為什麼？月亮沒有掉下來是為什麼？就因為站在蘋果和月亮這些『其他東西』的立場思考，才發現萬有引力。」

換言之，當「我」（牛頓）介於其中，「我」在體驗蘋果從樹上掉下來的過程中，站在蘋果的立場思考時，就會將事件視為實體，而當實體變成事件時，則發現了萬有引力。

也就是說，假如一個人看到實體也能視為事件，而不是單純的實體時，就可以共振、共感和共鳴，還能移情，例如兩名作者採訪過小行星探測機第一代隼鳥號（MUSES-C）就是一例。

第一代隼鳥號的目標是航行至遠在三億公里之外的小行星，採集樣本再返回地球。結果卻接二連三遇到麻煩，姿勢控制裝置故障、燃料外洩、通訊中斷導致行蹤不明和引擎停止轉動等。

專案團隊的成員針對此緊急情況，採取超越邏輯和合理性的本質直觀，藉由不在當初意料之內的跳躍性假設，陸續推導出解決方案。例如將四具引擎中還能運作的部分連接起來，當成一具引擎使用，這種本質直觀是對隼鳥號的移情所致。

「為什麼你能讓它回應指令到這種程度？」領導者大聲喊道，據說所有成員都回答「因為感覺就像撫養自己的孩子」。即使實體距離遙遠也會移情、感受，產生共振、共感和共鳴，甚至影響到主體。所以能夠驅策臨場的判斷能力，哪怕隼鳥號有些微的不正常或狀態差異都不會忽略，成了使許多人印象深刻的故事。

Note e-POWER的開發人員也會徹底轉換成駕駛人的立場，同時與汽車本身共振、共感和共鳴，所以把汽車當成事件而非汽車這個實體，能夠直觀到主觀真實的領域中，馬達驅動的本質在於「跑感」。假如是當成客觀的實在，就只會關心環保性能的方面。

日本重要的哲學家西田幾多郎先生認為人類是「主客未分」，若專注在事物上會變得冷漠，超越了主客的區別和對立。換句話說，就是當人和實體達到融為一體的「物我合一」境界，瞭解事物的本質，這就叫「純粹經驗」。

美國著名心理學家契克森米哈伊（Csikszentmihalyi），將人類專注在一個對象，體驗到極致樂趣的狀態稱為「心流（flow）狀態」。這時主體渾然忘我，深深沉浸在行為本身當中。主客未分化的純粹經驗真要說起來應該屬於東方色彩的天地，但是這種忘我的心流經驗竟和純粹經驗的概念有關。

人類並不是實在，而是在真實的領域中瞭解現實，甚至影響到主體。關鍵在於要怎樣才能以全人和主體的觀點面對對方。

經營講座③ 本質直觀需要「邊行動邊思考」

關根先生沒有指出「結合遊憩和學習」的概念，就直接讓曾原先生持續至工廠觀摩三～四年。這裡也包含第二種方法論，在現場直觀「邊行動邊思考」的本質。

手作製造和遊樂園在既有的邏輯上沒有聯繫。即使關根先生從一開始就用言語對曾原先生解釋，對方在本質上也不會理解。所以他沒有硬性說明，而是讓曾原先生一起前往手作製造的現場，在觀摩之後反覆討論。換言之，曾原先生也必須拚命思考才能進行討論。

「思考」和「行動」往往動不動就會分離。遇到一個主題，先思考，然後行動。一

智能強健型的人物形象

邊行動邊思考，直觀本質

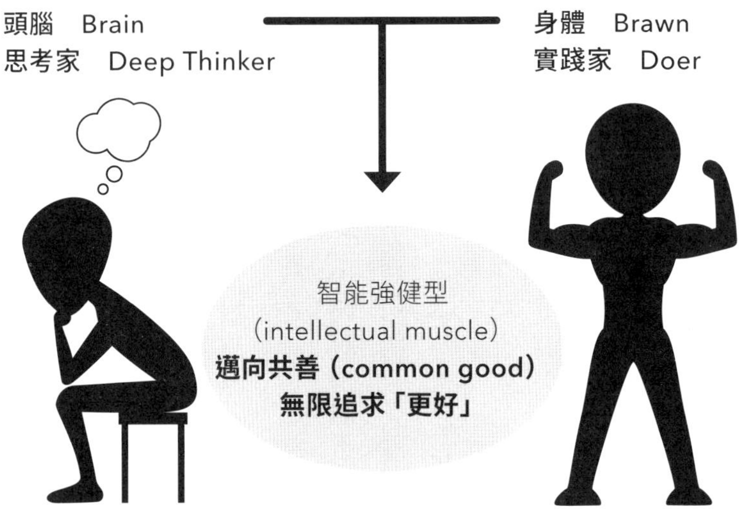

個人在這種情況下，往往會基於既有的概念，試圖在框架內瞭解現實，所以就落入旁觀者的視角，從外部觀察和分析對象。這是觀看實體的視角，亦即掌握實在的視角。只要從外部分析，就不會從中產生任何新知識。

知識創造的出發點是以身體為媒介的直接經驗。要洞見事件並將現實視為真實時，關鍵就是在現場「邊行動邊思考」。

創新是從個別具體的

現實當中直觀本質，藉由跳躍性假設，開創出固定的概念再萌芽成長，不過個別具體的現實形形色色，而且流動不定又善變。所以自己也必須在行動的同時，親身進入每個時刻的脈絡，判讀關聯性。

接下來就可以看出現象和現象之間的相似性，從中顯露出「只能這麼解釋」的同一性，浮現普遍的本質。而且對現場愈有經驗，就愈會透過身體（五種感官）累積內隱知識，汲取的技能就增加得愈多，因此就能準確直觀本質。關根說「答案就在現場」，且讓曾原去工廠的目的就在於此。

重視現場實踐、懂得累積直接經驗儲備內隱知識，同時還懂得直觀本質、藉由跳躍性假設將經驗轉化為概念的人，就稱為「智能強健型」（intellectual muscle）。而那些能夠在現場「邊行動邊思考」的人，就可以做個充滿活力和智慧的智能強健型人物，實現創新。

經營講座④ 被組織的枷鎖束縛就無法「本質直觀」

接下來要從兩名作者訪談的案例中，介紹另一個獨特的例子，看看要怎麼以共感為起點，從本質直觀發展成跳躍性假設。

◎參考案例　萬代鼠婦轉蛋

萬代（BANDAI）的轉蛋玩具「鼠婦」雖然一個價格高達五〇〇日圓，但從二〇一八年八月發售以來，短短十個月就賣出了一〇〇萬個。活生生的鼠婦用手指觸摸時會蜷縮成球狀，轉蛋玩具則是將鼠婦放大為實物的十倍，安插蜷曲的機關做成立體形狀。通常只要將硬幣投入自動販賣機再轉動控制桿，玩具會裝在塑膠彈殼中一同掉出來，不過所謂的無殼轉蛋，則是鼠婦會直接以球狀滾出來。

鼠婦轉蛋是開發人員正在尋找適合無殼轉蛋的球狀題材時，看到某個場景時靈機一動想到的點子。那是他唸小學的女兒用手指戳在公園發現的鼠婦，看著牠蜷縮成球狀，開心玩耍的樣子，讓他想起自己小時候也會逗弄鼠婦。

「這不就是終極的無殼轉蛋商品嗎？」開發人員開始在公司裡一個人進行極為機密的樣品製作。以往無殼轉蛋玩具多以麵包超人或其他形象角色為主，相形之下鼠婦並非形象角色，造型既不起眼，也完全沒有市場分析的資料證據指出這可能會暢銷，就算提案也顯然會遭到拒絕。

即便如此他還是想要開發，這是因為看到女兒戳鼠婦玩耍的模樣，自己的記憶也甦醒了，同時在無心的境界下徹底化身為孩子，共感之餘還直觀到鼠婦有趣的本質。這份童年的回憶也會印在顧客的記憶中，這份共感應該與顧客分享。

鼠婦即使在蟲類當中也不是像獨角仙那樣的英雄，而是「見不得光的角色」。所以在打上聚光燈之後，就會產生全新的意義和價值。構思就從此跳躍，推導出以下的跳躍性假設：「將尺寸放大十倍，蜷縮成球狀從自動販賣機掉出來的景象很超現實，保證搞笑。」

有趣的鼠婦也屬於感質和本能上的感覺，也就是內隱知識，無法用言語表達。因此，開發人員進行極為機密的試作，在簡報的會場上展示樣品，進而喚起參加者的共感，成功獲准推出為商品。

鼠婦轉蛋案例的解釋

這段開發歷程當中值得注意的是，開發人員連上司都瞞在鼓裡，進行極為機密的試作，沒有受到組織枷鎖的束縛。這裡展現出第三種方法論，就是直觀事物的本質。假如意識到公司內部的眼光，就要將意識朝向市場性，站在孩子的視角觀看公園的光景，要是囫圇吞棗，也就無法直觀鼠婦有趣的本質。

即使在日產Note e-POWER的開發，也是因為有個「自由開放的場域」允許「無償」進行「社團活動」，才能直觀到馬達這項動力來源的本質是跑感。假如意識沒有朝向組織式的行動，就會停留在環保性能和油耗這些技術概念的框架當中，無法藉由跳躍性假設，開創出牽涉到引擎大隊和行銷團隊的共感概念。

人的意識總是傾向於「朝著某個方向」。假如意識朝向組織或公司內部的眼光，無論再怎麼面對現實，都沒辦法直觀事物的本質。

要不受組織的枷鎖或公司內部的眼光束縛，就要具備強烈的目標感和問題意識。鼠婦的開發人員不分日夜在尋找形狀是球狀且適合無殼轉蛋的題材。e-POWER的開發人員也一心一意在追求馬達驅動的可能性。讀賣樂園的關根更是懷有強烈的問題意識，想要喚醒員工現在正在沉睡的意識。假如意識朝向組織的枷鎖，就會關閉園區，進行建造購物中心的計畫。

追求屬於自己的真、善、美，將會支撐強烈的目標意識和問題意識，這才是知識創造的原動力。

案例五

馬自達 SKYACTIV 引擎

由「世界最小」的開發大隊，設計出「世界第一」的性能

引言

就如 Note 的案例所示，世界各家汽車廠商在開發油電混合車和電動車方面競爭激烈。另一方面，馬自達正在朝獨特的路線勇往直前，那就是鑽研內燃機這項引擎技術。

最新型號新一代汽油引擎「SKYACTIV X」，是世界首次將兼具汽油引擎和柴油引擎特性的燃燒方式實用化。這種燃燒方式比以前大大提高

引擎效率，號稱「夢幻引擎」或「終極內燃機」。

儘管梅賽德斯-賓士（Mercedes-Benz）、福斯（Volkswagen）、通用（General Motors）、本田（Honda Motor Co., Ltd.）和其他廠商曾經著手開發，卻在途中相繼放棄，馬自達則在這之中克服許多困難，成功實現目標。他們繼承第一代 SKYACTIV 引擎開發技術人員的思想，追求引擎的理想形象。

這裡要介紹第一代率領開發主管和技術人員的故事。即使在不久的將來，也以需要汽油引擎的人的共感為出發點，並藉由主管對於成員的共感為原動力達到創新，學習他們如何洞見本質。

敘事篇

達到世界第一高壓縮比的「超前創意」

❶對於不久將來全世界的人共感而選擇「鑽研內燃機」

「製造世界第一的汽車」，馬自達為了朝此目標前進，挑戰重新從頭開始製造汽車，結果開創出一種獨特的「SKYACTIV技術」。

這種獨特技術的核心是「Sky Active Engine」，雖然是汽油引擎，卻達到媲美油電混合車的低油耗。第一代引擎於二〇一一年問世，藉由世界第一高壓縮比的創新，讓低油耗成為可能。假如沒有那一個技術人員，就不會有那顛覆既有常識的技術。

這名技術人員畢業於東京大學工學院航空工程系，這所學校為汽車業界培養出許多技術人員。他進入公司之後，在先行開發要素技術的技術研究所負責引擎。但是，即使他努力不斷開發新技術，提出成果，也沒有任何商品被採用，二十年來過著「徒勞的日子」，但內心的支柱是追求「世界第一的技術」。

當年紀步入四字頭又一半，擔心徒長歲數沒有成就感的上班族生活會不會就此結束時，歐盟環境法規這項「期待已久的外部壓力」來了。

當時，馬自達既沒有油電混合車也沒有電動車技術，對環保的應變能力遲緩。只不過，先前預估即使在二〇三五年，電動車的普及率也不到百分之十，預計有百分之九十以上的汽車會搭載內燃機，包括汽油車、柴油車、油電混合車和插電式油電混合車等。

另外，電動車需要大規模的基礎設施，因此上述趨勢在新興國家會逐年增加。所以，即使在不久的將來，也想要為世界上需要內燃機的人提供卓越非凡的引擎。從懷才不遇到鹹魚翻身，個中滋味點滴在心頭。這名技術人員在就任歐盟環境法規應變專案領袖之後，動用以往累積的所有技術。藉由跳躍性假設超越既有的限制，發明舉世無雙的引擎。

必要時，需要的人才會從後臺走向前臺。馬自達的資源遠比龍頭企業少得多，於是選擇「鑽研內燃機」這條迥異於其他公司的道路，結果取得巨大的成功，獲得全球汽車廠商的關注。銷售額約為豐田八分之一的「小公司」要如何與之競爭？現在就來追溯一名技術人員和馬自達的逆轉大戲。

❷ 對停滯不前的大隊發出「誓師訊息」

這位技術人員的名字叫做人見光夫。他以常務執行董事的身分（現為資深創新研究員）負責開發動力系統（PT），是個體重超過一百公斤的壯漢。他的口頭禪是「論技術和說笑話不會輸給任何人」，也以獨特的幽默感獲得公司內部的愛戴，外號是「馬自達的引擎先生」。

人見的逆轉人生始於二〇〇〇年，四十六歲就任動力系統開發總部內的先行開發部部長時，引擎的先行開發部只有三十名成員，因為當時跟母公司福特共同開發引擎，撥出了大量人員。在一般情況下，龍頭企業的先行開發大隊規模約有一千人，三十個人的團隊可以做什麼？所以導致組織停滯不前。

雖然部門內也有職掌計算分析的成員，但業務卻都只有來自商品開發部的訂單。「大家沒有具備參與計畫的意識，不滿愈益升高。」人見說。

三年後，也就是二〇〇三年，進行了一次員工意識調查，可想而知，先行開發部的結果糟糕透頂。「不能就這樣放著不管。」

假如把目光朝向外界，會知道歐盟預定在二〇一二年執行嚴格的環境法規，汽車行駛時二氧化碳（CO_2）的平均排放量必須在每公里一二〇克以下。當時馬自達的水準約為一八〇～一九〇克。為了符合法規，就需要開發新引擎，將油耗改善百分之三十以上。

二〇〇四年初，人見心意已決，認為該革新部內停滯不前的氣氛，於是向每個成員發出「誓師訊息」。「讓我們開創出令人足以稱道的馬自達特色引擎」、「這是先行開發部的人員必須思考的問題」。然後，當他宣布「先行開發部要扮演革新的先驅」之後，便著手開發新引擎了。

❸提出「關鍵第一瓶」和「技術路線」

人見推導出人少時該做的「選擇與集中」方法，從許多課題當中找出共通課題再專心處理。只要解決這個，就可以連帶解決其他課題。人見將開發時聚焦的主要課題比喻為保齡球，稱為「關鍵第一瓶」。只要打中前端的第一瓶，就代表可以解決後面的所有問題。

那麼，改善油耗的關鍵第一瓶是什麼？當人見為了開發過著不見天日而徒勞的日子時，曾經從旁觀察各家廠商實施的油耗改善技術，結果注意到一件事。其實無論哪個技術都是名稱不同，整理後會發現追求的目標一致，關鍵在於如何減少能量損失。

能量損失可分為四種類型，其中包括化為廢氣的熱能遭到拋卻的排氣損失及引擎的熱能傳遞和散逸的冷卻損失等。並歸納出管控這些損失的控制因子，分別是壓縮比、比熱比、壁面熱傳導、吸排氣行程壓力差和燃燒時間等七項因素。然後，設想「終極理想形象」，釐清這些控制因子，藉由將技術路線化為有形的前進之道，並展示給成員看。

人見說：「假如有一百個或一千個改善效率的技術，就會迷茫看不到未來，但若知道控制因子只有七個，就可以勇往前進不繞道，即使障礙很高也不會逃避。有了技術路線之後，我們也就會知道現在所處的位置。即使是三十個人也可以帶著幹勁開發。」

為了用電腦驗證點子，讓開發更有效率，計算分析團隊也積極主動參加，營造出整個部門一起開發的態勢，提高參與意識。結果，翌年的意識調查就有顯著超群的改善。

❹以「超前創意」打破常識

新引擎的開發特別聚焦在「世界第一高壓縮比」上。壓縮比是空氣和燃料的混合氣體在燃燒室中被活塞往上壓縮的程度。數值愈高愈能發揮龐大的動力。但若提高壓縮比，混合氣體的溫度就會上升，引發異常燃燒，稱為爆震。因此，業界普遍認為高壓縮比已達到極限，通常壓縮比會設定在「十一」左右。

人見果斷出手，決定將壓縮比一口氣大幅拉開距離到「十五」，但做實驗的負責人猶豫了。不過嘗試之後，並沒有發生足以讓人擔心的損害，也避免意料之外的損害發生。

人見說：「假如慢慢增加壓縮率，損害就會逐漸擴大，實驗將會在某階段中止。但是，假如想要比別人更快發現新知，就要徹底超前。如果要前往沒人走過的領域，親眼看看發生什麼事並發現一種可以說明的現象就太好了，技術人員一定會很開心。」

「超前創意」是在懷才不遇的時期渴盼自己的存在證明，是追求「世界第一」的技術時所學到的經驗。為了防止爆震，就要在排氣管的形狀和長度下工夫，降低燃燒室中混合氣體的溫度，這個方法也是過去在研究技術時期研究出來的。最重要的是，落實高壓縮比本來就是以前研究的主題。

「以前單憑靈感努力研發的技術，這次卻為了改善油耗而追溯到共通課題的根基，才發現一切都環環相扣。對我來說這是過去經驗的總動員，之後就只是等待『外部壓力』了。」人見說。

❺採納為馬自達「製造革新」的構想

同一個時期，管理團隊也懷著危機感。要怎麼因應歐盟法規？資源有限的馬自達制定了獨特的策略。

他們決定採取史無前例的方針，避免分批投入戰力，同時全面更新所有零件，就連往後十年要開發的車種都要「一併企劃」。開發方面要以「通用架構」擷取各個車種的共通要素，追求理想的型態，再以變動要素展現個性。生產方面則要以「彈性製造」活用共通要素，在同一條生產線上輸送多個車種。還要奠定「製造革新」的構想兼顧創造力和效率，要求現場提出「大膽的提案」。

人見提出一貫的主張。二〇三五年世界汽車的銷量將會增加為兩倍，主要是因應新興國家的需求，即使到了那個時候，包括油電混合車在內，九成的汽車也是由內燃機驅動，鑽研內燃機對地球環境才有所貢獻。所以，針對七個控制因子追求理想型態，率先做出世界第一高壓縮比引擎。

上級部門批准這項提案。二〇〇六年，專案正式啟動。大量的人員從動力系統開發總部內的商品開發部調職到先行開發部，外部壓力和人見的信念打動了公司。

❻公司中的年輕技術人員也一起追求巔峰

當初開發人員經常「各據山頭」，還冒出「高壓縮比會失敗」和「應該縮小尺寸」等的否定論調。雖然縮小尺寸是世界性的潮流，使用增壓器確保性能並減少排氣量，但是人見根據過去的研究經驗，堅信「成本會變高且不適合馬自達」。

一年後，新任的總部長上任，向部門內部表示「我相信人見的技術，決心與他共存亡」，幫忙甩開所有的火花和雜音。專案由人見擔任負責人並重啟，他振奮地說：「我不能背叛那麼相信我的人。」

專案當中也有很多年輕人是上頭指名調來商品開發部的。由於任務艱鉅，便問：「為什麼要走這麼困難的道路？」「剛開始絕大多數人認為，做世人在做的事情比較能夠放心。所以我就這樣回答：『你認為你可以做還過得去的工作過活嗎？專案成功之後油耗會改善，價格也可以壓低。雖然做起來很費勁，但要為顧客做正確的事。』」人見說。

因此，調來的年輕技術人員也立刻開始朝此技術路線向前邁進。

「技術人員以往也是先爬矮山，再爬另一座山，周而復始。反觀我們則是看準巔峰。雖然想到那裡有個巔峰會覺得有點困難，但也別無選擇，只能做了。經驗累積之後再爬下一座，有了技術路線按圖索驥，我們就會進步。」

二〇一一年六月新型「DEMIO」發售，首次搭載冠名為SKYACTIV的新引擎，達到每公升三〇公里（一〇．一五模式），媲美油電混合車的油耗。翌年，二〇一二年二月新型「CX-5」發售，除了引擎之外還完整搭載革新的基礎零件，一個月接到的訂單是單月銷售計畫的八倍，秋天就榮獲「日本年度風雲車」。

這段期間雷曼兄弟事件、東日本大震災、日圓狂升值的逆風持續存在，馬自達連續四期出現赤字。假如截至二〇一三年三月的財政報告仍是赤字，則預計無法籌措資金。CX-5的熱賣挽救困境，讓財務轉換成黑字。

直到二〇一五年五月發售「ROADSTER」為止，總計六個車種的新一代商品群，也都結合以「魂動」為概念的品牌共通設計，銷售情況良好，提升馬自達的業績。豐田也著眼於馬自達的低油耗技術，達成全面合作。

「一切都勉強趕上了。」人見感慨萬千。

就在全球汽車廠商大幅朝電動化轉型當中，馬自達則持續關注內燃機的發展，為了擴展其可能性而持續開發。二〇一九年五月，馬自達在日本國內發表首波新一代商品群「MAZDA3」，搭載SKYACTIV X引擎，採用一種叫做火花點火控制壓縮點火

（SPCCI）的新型燃燒系統。

預計以後只搭載內燃機的車輛將會逐漸減少，所謂的電動車需求可望會擴大，但是仍以油電混合車和插電式混合動力車（PHV）占大多數的電動車市場。不過，油電混合車和插電式混合動力車也使用內燃機，所以除非將內燃機的油耗更形提升，否則就不會對環境有所貢獻。

相信馬自達今後也會繼續推動技術路線，追求人見描繪的「終極理想形象」。要做什麼的設想和公司的大小無關。假如以觀念取勝，就會贏得競爭。「小公司的聰明作戰法」為日本的汽車產業投下巨大的衝擊。

解釋篇

同時著眼於「整體」和「部分」就會產生「跳躍性假設」

經營講座① 從見「林」又見「樹」浮現的新意義成為假設的墊腳石

要掀起創新，就需要在直觀事物本質的過程當中，設想讓非連續性的跳躍躍升至跳躍性假設。那麼，要怎樣才能想出跳躍性假設呢？

SKYACTIV引擎也是藉由跳躍性假設，斷然將通常設定在「十一」左右的壓縮比改成「十五」，做出媲美油電混合車的低油耗，實現創新。這段開發過程當中，「部分」和「整個」的螺旋式發展特別值得注意。

知識創造能力優秀的人總會在「知道」的行為當中，往返於部分和整體之間。例如醫生會整合患者的體溫、脈搏和疼痛的地方，並檢查數據和X光照片等資料，瞭解整體病況，同時藉由整體病況為各個部分症狀賦予意義。

我們的生活和工作也一樣。例如到夏威夷旅行時，會感知到各式各樣資訊，

部分與整體的交互作用產生跳躍性假設

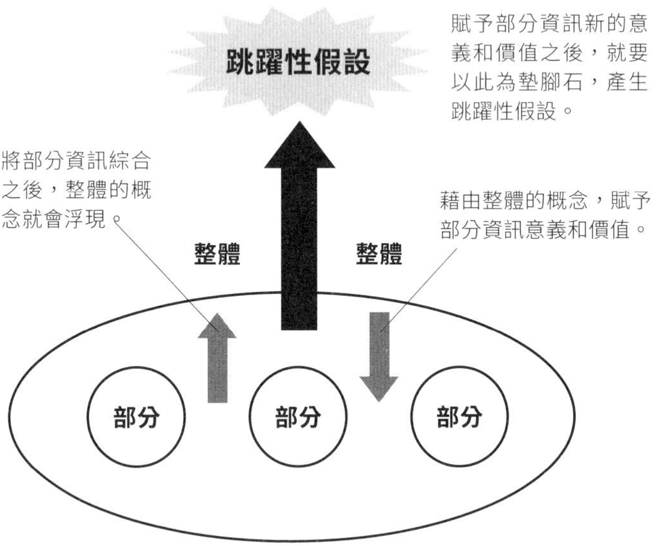
跳躍性假設
賦予部分資訊新的意義和價值之後，就要以此為墊腳石，產生跳躍性假設。
將部分資訊綜合之後，整體的概念就會浮現。
藉由整體的概念，賦予部分資訊意義和價值。
整體
整體
部分
部分
部分

像是機場懸掛的扶桑花花圈、道路旁邊的鳳梨田和草裙舞表演等。將這些綜合起來就會浮現「南國樂園」的整體概念，同時各部分資訊也會藉由整體的概念獲得意義。

接下來，要是在珍珠港附近散步，就會發現美國海軍陸戰隊的前進基地，也會發現追悼珍珠港事件的設施亞利桑那號記念館，美日戰爭的歷史也囊括在內。假如將這一類的部分資訊綜合起來，就會知道夏威夷的另一個特徵是「保障太平洋安全的據點」，形成更大的整體概念。

綜合部分資訊形成整體概念，並在整體概念當中為部分資訊定義時，假如改變對部分資訊的看法，讓設想跳躍，就會產生跳躍性假設。見樹又見林，見林又見樹，賦予樹木新的意義或價值之後，就可以當成墊腳石建立跳躍性假設。

人見先生在先行開發當中是靠個別具體的課題尋求解答。即使在「徒勞的日子」裡，也會累積部分的知識。進入大約二〇〇〇年代之後，市場環境就面臨歐盟環境法規及自己在公司內部率領的組織停滯不前的情勢。

世界上即使在不久的將來需要汽油引擎的人、沒有參與意識停滯不前的部門成員，人見先生從對他們的共感當中，再次探究「我為了什麼存在」、「什麼是好」，檢討自己的生活方式和存在意義。

類似這樣擁有強烈的問題意識之後，累積的部分知識會統統聯繫，推導出「鑽研內燃機追求終極理想形象」的整體概念。藉由這項整個概念，也會為控制因子這項部分知識重新定義，瞭解管控能量損失的因素。

假如聚焦在壓縮比時也只看部分不看整體，就會為了防止爆震，無法讓數值超越常識。相形之下，油電混合車也不需要轉型為電動車，而是透過「鑽研內燃機追求終極理想形象」的整體概念，重新定義掌握關鍵的因素，針對「世界第一高壓縮比」產生「超前」的跳躍性假設，踏入前人未至的領域，實現創新。

Note e-POWER的開發也一樣，累積部分知識的技術人員直觀馬達驅動的本質，推導出以下的整體概念：「實現用馬達駕駛汽車的樂趣，這種樂趣只有在電動車開發上領先潮流的日產才會懂。」

再生制軔也是如此。假如只看部分資訊，想必意識就會朝向將汽車動能轉換為電能的功能。相形之下，著眼於「實現用馬達駕駛汽車的樂趣，這種樂趣只有在電動車開發上領先潮流的日產才會懂」，藉由這項整體概念，重新定義創造樂趣的要素，產生「單踏板駕駛」的跳躍性假設，最後造成轟動、暢銷熱賣。

Goodjoba的案例也一樣，管理高層直觀到手作製造也好，娛樂也好，兩者都充滿人類的智慧，樂趣的本質相同。因為「人會覺得充滿人類智慧的東西很有趣」的整體概念浮上檯面，所以就把遊樂園重新定義為「學習智慧的地方」，賦予價值，產生「結合遊樂和學習」的跳躍性假設。

我們在工作當中，每天都會感知到部分的資訊。假如只專注在那個部分，就沒辦法創造新知識。那個部分意味著什麼？從相似性當中找出同一性，直觀本質，推導出整體的概念，進而重新掌握部分資訊。將部分和整體的往返動作當作自己創新時的例行公事，養成習慣，這是產生創新最基本的知識方法。

經營講座② 設定有挑戰性的目標誘發全體成員的共感

開發SKYACTIV引擎時耐人尋味的是，負責人人見先生與成員之間的關係。人見先生會斷然開發新引擎，首先是因為對於不久將來的眾人共感，因應這種背景之下的環境法規。同時，對於成員移情「不能放著不管」也是很大的動機。他們只有轉包的業務可做，參與意識淡薄，不滿愈益升高。

接著，為了誘發成員的意願，描繪出「終極理想形象」，將達成理想的途徑畫成技術路線展示出來。另外，正式以專案形式啟動後，要是從商品開發部調來的年輕人因為任務困難而說出洩氣話，就要以走在相同技術路線上的同志身分拉他們進來：「雖然做起來很費勁，但要為顧客做正確的事。」

這裡清楚展現出將團隊轉型為創造新知識的組織時，領導者所需要的條件。首先是能否設定所有成員都可以共振、共感和共鳴的目標，藉由分享目標為團隊開闢「場域」。

人見先生在開發新引擎的過程當中，宣告「讓我們開創出足以稱道馬自達的特色引擎」，揭櫫「世界第一高壓縮比」的目標。這是前人未至的領域，任誰都是第一次經歷。值得注意的一點是，即使是高風險也要大膽揭櫫有挑戰性的目標，反倒容易傳達分享目標，營造出為達目標而以共感締結的「場域」。

第二點則是生成敘事的能力。設想「終極理想形象」，並在技術路線上顯示達到理想的途徑，讓每個成員都可以在總體情況當中，意識到自己的工作具備什麼意義和價值。另外，只要查看技術路線，也就可以共享自己沒有直接職掌的工作。

換句話說，只要面對未來，將每個人的努力以實質的方式聯繫起來，就可以建立途徑達到「終極理想形象」。作為領導者，這是應有的敘事構思能力。

曾經度過「徒勞日子」的自己，再加上不滿愈益升高的成員，該怎麼跟成員締結「我—你」關係呢？經過一番苦思之後，想到藉由目標設定和技術路線，將達到理想的途徑化為有形。

即使是第一代隼鳥號專案，領導者也揭櫫五項目標，實現之後就會變成世界創舉。其中包含「以離子引擎新技術在行星之間航行」、「宇宙另一端的自主誘導航行法」和「在微弱的重力下採取樣本」等。

只要將這五項目標聯繫起來，隼鳥號航行到三億公里外的小行星，採取樣本再返回地球的敘事全貌就浮現出來了。這樣一來，每個成員就可以在全貌當中認識自己目標的意義和價值。而且，假如達不到五項目標當中的任何一個，也就無法實現整體全貌。藉由設定這樣的方針，每個成員也就可以認知和分享自己沒有直接職掌的目標。

兩名作者也採訪過天馬航空公司（Skymark Airlines）改組的案例。該公司二〇一五年因為破產而申請適用《民事再生法》時，投資基金INTEGRAL的代表董事佐山展生先生就打出改組的名義，親自擔任董事長一職，主導天馬航空的經營。

INTEGRAL這支日本型基金「會跟被投資方的員工一起打造『好公司』，藉由提升企業價值為投資人提供報酬」佐山先生說。

佐山先生走訪日本全國的分公司，看到員工浮現擔憂的表情，讓他很驚訝。「人類會露出這麼不安的眼神嗎？」他身為高層，要面對改組，所該做的事情其實很簡單。

佐山先生認為，要是與員工之間存有代溝，就不可能成為「好公司」。所以他每個星期不斷用電子郵件向全體員工傳送附有照片的訊息，說明自己身為高層會做什麼樣的工作及他所思考的事情。每當他走訪分公司時，也一定會將遇到的員工姓名寫進電子郵件當中，假如跟員工一起參加飲酒會，也會將那張照片放進去。不久之後，每個星期就會收到好幾件員工發出的飲酒會邀約。飲酒會上會冒出「真正的不滿」，佐山先生就擇其精華，在每個星期舉辦的經營策略會議上立刻擬定改善方案。

每次佐山先生都會在訊息上再三提出，破產之前準點率經常落後的天馬航空公司，要以「追求日本第一準點率」為目標。佐山先生說：「銷售額或利潤的目標沒辦法讓員工切身體會。要記得指出淺顯易懂的目標，只要拚命努力就能表現在數字上。一旦準點率提升，顧客搭乘率也會增長，帶來銷售額或利潤。這項目標要不厭其煩再三持續重申。」

儘管前任經營者在位時，一切都是由上而下決定，但在新體制下，則設置了以員工為主體的「準點度提升委員會」，轉型成由下而上靠員工自己思考改善方案。結果終於在二〇一七年度和二〇一八年度，連續獲得日本國內所有十二家航空公司當中準點率第一的寶座。而且這兩個年度的年搭乘人數，都創下歷史新高記錄。

描繪出跟我方專案有關的敘事，設定人人都能共振、共感和共鳴的目標，共享敘事，營造場域。這些案例顯示，與部屬共感的能力是領袖不可或缺的素質。

第三章

打贏「知識機動戰」的共感經營學

案例六

NTT Docomo 農業女子

只有兩人開創的非正式組織，發展至能參與國家專案

引言

為了在瞬息萬變的市場擴展業務，總公司的企畫部門會分析市場和競爭對手，從上到下發號施令、訂定措施。但是單憑投下雄厚物資以力相拚，這種作戰方式無法應付市場的變化和波動。

現場第一線的關鍵在於知識機動戰能力，需藉由高速迴轉開創知識這項價值的泉源，因應狀況的變化靈活思考、迅速判斷、敏捷行動

及作戰。

知識機動戰是智慧之戰，需要智力，但在許多情況下會演變成人際關係中的戰爭，因此人與人之間的共感意義重大。

NTT Docomo 農業女子以農業資訊通訊科技（information and communication technology, ICT）化的銷售名義，親自到現場拜訪一般農家、畜牧農家和水產等業者。當時她們與對方對話，把「好厲害」、「好出色」和「好喜歡」稱作「『好』的三段活用」，藉由正面的話語坦率表達自己的感受，將共感對方化為銷售的巨大推動力。

這項案例顯示，即使是需要ICT高技術能力的商場上，也需要以共感為基礎的人格魅力。

敘事篇

主打女性務農稀少性的共感以擴大合作的範圍

❶ 就因為慢半拍才無法跟先行企業站在同樣的起跑線

NTT Docomo從北海道到沖繩的各個據點，總計有一百名多名打出「農業女子」名號的女性員工。儘管她們是Docomo農業ICT化業務最前線衝刺的銷售團隊，卻不是正式組織，也沒有領袖。凡是與農家有交集的員工，人人都可以自行報名參加。

這個非正式的網絡組織於二〇一四年秋天呱呱墜地，而故事則要從一年前的人事異動說起。進入公司二十年的大山理香（現任職於日本電信電話），原本是東京總公司第一法人營業部的一名女性員工，後來營業部長兼執行董事古川浩司（現為DOCOMO Support總裁）命令大山：「Docomo還沒有做過農業，妳去攻下農業合作社（JA）吧。」

大山先花一年的時間從迴路契約層面研究，再與巨大組織農業合作社建立管道。另一方面，她在那段期間走訪各家大型IT企業尋求聯盟或合作，卻一無所獲。

大山說：「其他大型企業已經在農業ICT化業務上進行大規模投資。Docomo慢半拍，負責人也只有我一個，所以沒有人要合夥。即使站在同樣的起跑線，獨力開發解決方案也不堪一擊。所以我開始尋找農業方面能以智慧型手機和其他行動裝置使用、能活用Docomo的強項。」

❷ 打出「農業女子」的名號，就連名片都要註明

就在這個時候，她找到了防止牛隻分娩事故的系統「行動牛溫惠」，由大分縣一家叫做REMOTE的新創企業所開發。這套系統是以感應器監測母親的體溫，假如出現分娩跡象就以電子郵件通知。由於畜牧農家若沒能在適當的時協助分娩，小牛則會有一定的機率發生死亡意外。就在大山受命販賣牛溫惠的同時，比她晚七年進入公司的濱森香織被調轉來與她一同工作。

當她們組成搭檔工作時，竟達到意想不到的反應。在畜牧業談生意的場合處處盡是男性，由女性負責銷售十分稀奇，就連幹部階層都聞風而起，對這件事情產生

興趣。

與農業相關的領域當中，女性特有的開朗及罕見度會成為銷售的後盾。既然如此，就將這項特色端上檯面。她們兩個人提議為自己打出「農業女子」的名號，獲得古川的理解，更在名片上加以註明，並加上會員編號「001」和「002」。

兩人為了在Docomo的全國網絡上販賣牛溫惠，於是就在走遍全國營業據點的同時，尋找當地溝通能力出色的女性員工，網羅為農業女子，也拜託其他出差到外地的營業負責人招攬人才。隨著農業女子的名聲傳遍整個公司，自告奮勇的女性陸續出現。

另外，她們在拜訪牛溫惠的顧客時會換上連身工作服，穿上長靴。這是個新鮮的體驗。

濱森說：「畜牧農家衷心感謝我們：『有了牛溫惠之後就不必老是待在牛的旁邊，可以跟孩子相約明天去看運動會。』而且，還會聽到農業女子說能夠經手這麼討人歡心的商品真是太好了。」

剛開始農業女子有一種「讓我們快樂工作」的感覺，但是隨著各地活躍的案例頻頻出現，就開始有人質疑「農業女子是什麼」，質疑它的存在意義。

大山說：「銷售行動牛溫惠是一項工作，要受到別人的評估。同時也要防止分娩事故，解決這項社會課題。這不僅是頂著公司的頭銜，還是在打出農業女子的名號之後，所賦予我們的一項任務。我認為農業女子就是這樣的定位。」

❸獲得董事如職場導師的支援

除了牛溫惠，兩個人在尋找下一個合作目標時，遇到東大創投的新創企業Vegetalia。當時Vegetalia正在開發謀求農務工作效率化的「水田感應器」（Paddy Watch）及其他農業ICT化的應用程式。應用程式會以感應器偵測水田的水位和水溫，就算沒有親自到現場，也能使用智慧型手機或其他行動裝置遠距檢視情況。

雖然新潟市有愈來愈多由其他農業生產法人接管老農民廢耕水田的例子，不過各水田分散，該怎麼高效管理就成了一項課題，新潟市也曾為此洽詢多家開設於新瀉的新創企業。

所以，兩人得知情況之後隨即趕赴現場。二〇一五年五月，新潟市、Vegetalia和Docomo啟動聯合專案，獲得農業生產法人的協助，為三百塊水田引進水田感應器和其他裝置，驗證業務效率是否改善。令人刮目相看的是，與市政負責人會面之後，短短兩個月就宣布合作。效率，也成為農業女子獨有的一項特質。

「假如從事自主活動的農業女子在工作時跟董事打好關係，就能獲得如職場導師（mentor）的建言和支持。由於可以越級磋商，所以能夠一鼓作氣推動案件。」大山說。

「我告訴董事，新潟市是農業的國家戰略特區，因此專案也會變成公關活動，結果馬上就獲得許可。這是在行駛中的電車內，短短幾分鐘敲定的。」

後來，這項實證專案也把農林水產省拉進來，發展成日本全國四十三縣參與的大型專案。

另一方面，地方發起的解決方案也相繼誕生。例如九州的農業女子和當地的海苔漁業合作社啟動實證專案，使用ＩＣＴ浮標測量水溫和鹽分濃度。農業女子業務範圍包含稻作、旱作、水產和養豬，甚至超過農業的框架，擴大為使用ＩＣＴ的地方創生相關活動。農業女子人數也在這三年間增加至大約一百名，拉攏和聯繫地方政府、農業合作社、新創企業和其他組織，並在各地取得成果。

雖然農業女子的成員以進入公司十年以上的人占居半數，但一～三年的也有將近兩成，還有很多新進員工參加的例子。其中，勝見前往新潟，與Docomo CS新潟分店法人營業部（Docomo CS是以一元化服務方式職掌當地業務的子公司）的農業女子035松本英里子會面。

❹ 前輩農業女子支援新進農業女子

搭乘松本駕駛的汽車，目的地是日本酒當紅品牌「越乃寒梅」的釀造廠石本酒造。松本在新潟的努力奮鬥，始於和總裁石本龍則的偶然相遇。

松本在二〇一五年進入公司第一年時，被臨時派任到新潟分公司接受培訓。當時她四處奔走當地企業，想著「想要為新潟做點事」。第一次造訪石本酒造是十一月，由於負責人不在，所以決定之後再造訪。她詢問隔壁停車場的一群男子：「附近有地方可以吃午飯嗎？」剛好其中一個人就是石本，於是就一起去吃飯了。

「我希望能以Docomo的技術幫上忙」、「您有遇到麻煩事嗎？」石本對熱情暢談的松本抱有好感，所以認真傾聽她的想法。

石本酒造試圖在當地栽種酒米，不想仰賴或向其他縣購買。翌年十二月，松本正式派任現職，成為農業女子，提議使用「水田感應器」。因為縣內沒有利用這種裝置栽種酒米的前例，所以就由總公司出借機器和材料，展開實驗。

酒米要是在精米程序削去表層時發生胴裂裂痕，就報廢不能使用。該以什麼方式活用水田感應器的哪些資料，才能培育出沒有胴裂的優質米呢？松本從頭開始學習，同時探訪農家、石本酒造、當地農業合作社、縣內主管部門和縣立釀造試驗場，詢問問題出在哪裡、需要什麼資訊，並讓實驗不斷運轉。

農業是未知的世界，有時也會讓人灰心。當與松本取得聯絡的大山和濱森察覺到這一點後，介紹Docomo東北分公司的農業女子005的金田直子與松本認識。金田是理學院出身，熟悉技術和系統，已經先行在東北活用水田感應器。

松本在金田的建議下，於二〇一六年和二〇一七年確實取得成果，其中包括精準算出稻子在颱風到來之前的收割期。水田感應器的使用也擴展至全縣規模，活用在栽培其他品種酒米的專案上。

松本說：「水田感應器能提高業務效率的作用已經眾所皆知。但是，我想更進一步示範這具裝置如何用來提升酒米的品質。這一定會成為得以讓新潟受益的附加價值。」

關於松本，年齡相差一輩的石本這樣說：「因為有懷著熱忱、想要開創的松本小姐，實驗才會繼續下去。從我遇到她的那一刻起，就讓人感受到想要和她一起搭檔的熱情。」

採訪取材是在三月下旬。進入公司第三年的松本從四月起就預定要調職到Docomo九州分公司，那一天也是她拜訪石本酒造的最後一天。

「之後將會由後進農業女子接管。」

道別時，每個員工擁抱的模樣讓人留下深刻的印象。

❺國家專案ＩｏＴ設計女子開跑

農業女子會像松本和金田一樣，平常透過電子郵件和社群網站等管道共享資訊，超越組織的藩籬互助合作。大山說：「農業女子本身就是在小組內形成垂直和水平兩個方向的職場導師制度。」

農業女子也會像松本和石本一樣，與顧客之間建立超越工作利害關係的共創價值。農業女子在「分享夢想」的意義上展現出「美好的關係」。

「農業女子的命名本身就是帶有親切感的形象，單憑名片上有『農業女子002』，客戶就會感興趣，一鼓作氣縮短距離感。就連在交談當中，也要藉由正面的話語坦然表達自己的感受，向對方說『好厲害』、『好出色』和『好喜歡』，這些就叫做『好』的三段活用。不但使溝通變得圓滑，讓工作持續進行，還從中加速合作的進度。』濱森說。

另外，大山還這樣形容自家公司和大型IT企業的不同：「IT企業往往很難向客戶解釋系統，反觀農業女子則會簡單告知『電子郵件會通知』、『只需放在稻田裡就好』，就像維繫技術和現場的『口譯』一樣。為了讓不關心農業ICT化和IoT（物聯網）化的人也能普遍瞭解，就需要這樣的口譯。」

維繫技術和現場的「口譯」，這項定位在二〇一七年為農業女子帶來更多的進步。當時大山和濱森受邀在「地區IoT官民網」的設立大會上，發表農業女子的案例。設立的用意是要由總務省支援地方政府和企業推動當地IoT化。後來，她們向總務省提出一項建議，啟動「IoT設計女子」專案，培訓努力在日本全國促進IoT普及的女性，這項提案獲得了批准。

設立大會集結了來自約四十家企業和組織的IoT設計女子一期生。爾後，就將六十五名學員分成六個團隊，反覆舉辦工作坊，再三推敲IoT的企畫提案。二〇一八年招收二期生，二〇一九年招收三期生，目前活動仍然在持續當中。

剛開始只有兩個農業女子籌備的活動，發展成參與國家專案。新成員紛紛往她們靠攏。

小山是這樣解讀的：「一旦完全達到男女平等，農業女子和IoT設計女子也都會消失。不過，現在我們還可以使用『女子』這個詞，所以想善加運用，盡量多解決幾個社會課題。只要能在帶來工作成果的同時，從工作當中找到生活的意義，也就會形成一種改革工作之道的方式。」

接受男女特徵上的差異，同時發揮每個人自己的能力，這也算是多元化的一種形式。

※「NTT Docomo **農業女子」**的解釋篇將會在下一個案例之後一併說明。

案例七

日本環境設計　以衣製衣

藉由消費者參與將「垃圾」化為地上資源，追求不用地下資源的社會

引言

農業女子的案例當中，銷售團隊對於顧客的共感及與結盟企業之間的共感，成了知識機動戰主要的推動力。反觀日本環境設計（JEPLAN），則是由消費者、公司、行政機構和地方政府對於事業主體的共感，支撐知識機動戰。

「以衣製衣」的專案將不需要的聚酯服裝當成「原料」再製成聚酯，

喚起世界的共感，逐步擴大事業。

這項專案與純回收業務的不同之處，在於開發獨樹一格的技術，在擴展回收架構的同時，全力建立機制拉攏消費者。許多身兼回收者和負責回收者的消費者參與之後，就可以形成再生的迴圈。值得注意的是，對專案的共感將會成為運轉迴圈的原動力。

這項專案與純回收業務的另一個區別，則是擁有將回收物當成原料做成商品的商品化能力，進而將再生的迴圈化為有形，強化即將成為關鍵消費者所發出的共感。

知識在未來時代的企業資源當中具有重大的意義，將此專案取名為「地球環境防衛軍」這種令人共感的名稱，則又是另一個將共感化為資源的案例。

敘事篇

實現電影《回到未來》所描繪的未來

❶ 追求「一滴石油也不用的社會」

首次亮相就大張旗鼓。

這是電影《回到未來》(*Back to the Future*)(一九八五年公開上映)的最後一幕。主角馬蒂從一九五五年的過去回到現在之後，博士從未來搭乘迪羅倫時光機再次出現在他面前。觀眾看到迪羅倫跑車在未來改良成以垃圾為燃料運轉後，就瞪大了眼睛，心想「這種事有可能嗎？」。

第二部則是時光旅行至三〇年後的二〇一五年十月二十一日。當現實世界二〇一五年的這一天逼近之際，電影描繪的未來實現到什麼程度，就成了話題。十月二十一日當天，東京台場出現迪羅倫跑車在許多觀眾面前行駛的身影，使用的生化燃料是由原本應該會變成垃圾的舊衣製品，當時這幅光景也傳送到世界各地。

讓迪羅倫跑車登場的是一個男人的熱情。日本環境設計這家新創企業的總裁（現為董事長）岩元美智彥，唸大學時看到《回到未來》的最後一幕，大受震撼。爾後二十二年開創事業，夢想是回收不需要的衣服和塑膠商品，「作為代替地下資源的地上資源」。當天奔馳的迪羅倫跑車是直接致電美國環球影業（Universal Studios）總公司尋求協助借來的，說服對方的據說就是岩元。

「我告訴對方，自己想要將迪羅倫跑車前往未來的十月二十一日定為資源循環日，許未來一個『不丟不棄的社會』。發生在世界上的戰爭和紛爭，多半圍繞著地下資源打轉。我們眼中理想的循環經濟，是回收以往會丟棄的有機垃圾，再製成聚酯纖維、塑膠和燃料，是只用地上資源、『一滴石油也不用的社會』。這應該會是個『沒有戰爭的社會』，希望貴公司能夠幫忙。雖然是無名小型日本企業突然的請求，對方仍然表示了理解和贊同。」

日本國內每年丟棄一百七十噸不需要的纖維製品，其中八成遭到焚化或掩埋。岩元參與的工作是將纖維貿易公司回收的寶特瓶製成再生纖維，他和偶然遇到的東京大學研究生高尾正樹（現為總裁）意氣相投，使用T恤做實驗，藉由酵素將木棉纖維分解成醣，成功開發出製造生物乙醇（bioethanol）的技術。

「後來我們發現，假如使用從棉花當中擷取的棉，會因為有細胞膜而失敗。而T恤經過染色處理，酵素因此充分發揮作用。當時既沒錢又沒知識，很幸運地誤打誤撞用了T恤做實驗。這是神明的惡作劇。」岩元說。

❷ 獲得良品計畫的贊同

二〇〇七年，岩元和高尾一起創業，獲得愛媛縣今治市毛巾加工業者的協助，進行工廠設備的製造。隨後，他們開發出另一項技術，將聚酯纖維分解成樹脂，並再次製造成聚酯線。聚酯占大部分的衣料用化學纖維，假如能夠落實循環回收，就可以不用新石油而是以衣製衣。

岩元獲得這項技術後，就著手建立消費者參與的回收機制。

「我們的目標是改變社會。只要消費者行動，社會就會改變。關鍵在於機制，要將消費者拉進來，就需要在全國各地的門市設置回收箱，將回收納入生活動線當中。」岩元說。

但是，即使走訪企業和政府機關，也沒能輕易讓對方瞭解。就在這個時候，岩元遇到了良品計畫的金井政明總裁（現為董事長）。金井贊同道：「只賣東西的時代已經結束，連用完的東西都蒐集起來才會獲得支持。」岩元表示，親自執掌無印良品（Muji）商品開發的金井「懂得品牌在現代當中的意義」。

岩元透過金井介紹，報名參加經濟產業省外圍團體管轄的調查事業。在這兩次的實驗中，除了良品計畫之外，還在永旺零售（Aeon Retail）、丸井與和亞留土等企業的門市設置回收箱。總計約有三千人參加回收，回收的衣服約有一萬七千件。實驗期間證明這也有吸引顧客和增加銷售額的雙重功效，參加回收成了光顧的動機，喚起購買意願。

岩元說：「當時我實際感受到，消費者也對丟掉所穿的衣服懷有罪惡感，希望能夠回收再利用。」

❸與合作企業的「義士」相遇

此計畫於二〇一〇年開始商品化。「服福專案」的名稱蘊含著「將你的衣服化為地球之福」的意思。隨後，在門市蒐集塑膠產品，驗證回收技術的「PLA-PLUS專案」也啟動了。以往雖然有一般塑膠產品的回收技術，卻沒有回收的機制。

當時還廣泛尋求擁有回收相關技術的企業協助。岩元尋找著擁有技術的企業，四處尋求合作，希望既能活用在回收上，對於對方而言也有好處。

「每個組織都有心懷共感和提供協助的義士在，就算一時之間遭到一個人拒絕，也要繼續跟好幾個人、甚至好幾十個人見面。這是機率的問題，要堅持到遇見義士為止。」岩元說。

二〇一六年二月至三月與環境省聯手進行為期一個月的實驗，總計有四十二家企業和團體加入回收據點的行列。以7&I集團和永旺零售這兩大物流企業為首，還有家電量販店、家居店、咖啡店和快餐連鎖店等。技術方面也和新日鐵、三菱材料和其他日本主要的廠商及東大創投的企業攜手合作。合作企業數量達到一百五十家，回收參加者總數也達到五百萬人。

❹將娛樂當作促進消費者參加的機制

值得注意的是，岩元等人全力發展「娛樂」，以便於將消費者拉進回收的行列，凝聚人潮。讓迪羅倫跑車奔馳就是典型的例子。後來，岩元也舉辦將迪羅倫跑車帶進購物中心等地的活動，籌備適合帶小孩來玩的企畫。參加者必須自備不需要的衣服、塑膠玩具、文具和其他舊貨，才能和迪羅倫跑車拍記念照或蓋記念章。

個中原因有兩點：「人類的理解和行動是兩回事。假如有人說『地球很危險』，雖然腦子理解了，但要讓人們行動，則需要從別的方面下手，那就是娛樂。歡樂會讓人行動和凝聚。當我們喊出『大家一起讓迪羅倫跑車動起來』，就能在一個月內蒐集到以往一年分的回收量。另一個原因在於，辦活動可以跟企業當中預算最多的促銷部門通力合作。對方能夠吸引顧客，我們也可以將事業經營下去。」

藉由消費者的參與，將製造產品的「動脈」和「靜脈」連結在一起，一個循環的迴圈就浮現出來了。起點是消費者，其次是成為回收據點的流通業門市。回收的衣服或塑膠產品藉由企業的技術化為再生素材，再由各家廠商用來製造商品，供消費者購買，不要了就送去回收。

「迴轉一圈之後，就會產生不以石油為原料的產品，只要參加者或合作企業隨著迴轉增加，數量擴大，價格上也就不會輸給石油製品。既然價格相同，就會形成一滴石油也不用的附加價值，打出品牌。」

岩元將一個涉及產官學和消費者的專案稱為「地球環境防衛軍」，現在這項回收事業已與超過六十家企業合作運作循環迴圈，將品牌命名為「BRING」，持續廣泛活動。BRING品牌的服裝也會在市場販賣，更企圖進軍時尚發源地法國。

岩元有個構想是從用過不要的二手或智慧型手機中萃取貴金屬，製作二〇二〇年東京奧運會和殘障奧運會的金銀銅獎牌，這項專案已經實現。還有一個正在進行的專案，則是以回收的十萬件棉衣生產生物噴射機燃料，在二〇二〇年使用生物噴射機燃料讓日本航空的噴射機飛行。

岩元透過建立回收的機制，融入娛樂活動，促進消費者參與，並確保獲利的同時將迴圈擴大成螺旋，專案塑造成品牌。

這種迴圈和建立品牌背後的原動力是人與人之間的共感。藉由消費者參與努力追求社會的改變，展現出共感時代的新商業模式。

解釋篇

是以雄厚物資爭鋒的「消耗戰」，還是以共感能力和智力爭鋒的「機動戰」？

經營講座① 在變化迅速高度不確定性的年代，要以「知識機動戰」爭鋒

軍事作戰可分為消耗戰和機動戰。

消耗戰是將戰力發揮到極限，集中攻擊敵方戰力的重心，將敵人逼到殲滅的狀態。此方法要分析敵人的戰力，擬定明確的計畫，再以雄厚物資壓制對方取得勝利，所以由上而下的中央集權科層式組織適合進行消耗戰。

而說到商務領域的消耗戰，或許是因為「消耗」這個詞給人的印象，所以會用來比喻「〇〇業界邁入削價競爭的消耗戰」這種不惜赤字的銷售競爭，或是鬥了半天賠了夫人又折兵。不過，原本的意思是主力部隊之間正面衝突的正規戰。

說到商務上的正規戰，腦海裡會浮現邏輯分析式的競爭策略，分析市場和

競爭，並找到自家公司的最佳定位等，而負責籌畫這些策略的為在商學院取得ＭＢＡ學位的策略人員。

反觀機動戰的作戰方式，則是藉由迅速的決策、準確移動及集中兵力，襲擊敵人的弱點，建立身體和心理上的優勢，掌握主導權。消耗戰是以雄厚物資爭鋒，相形之下機動戰則是以智慧爭鋒，根據狀況使出各種手段。

孫子兵法提倡的正是機動戰。孫子云：「不戰而屈人之兵，善之善者也。」認為理想的聰明作戰法是以最小的成本獲得最大的勝利。孫子兵法當中出現「單點突破，全面展開」[14]的「單點突破」也是機動戰。

要執行機動戰，就需要分散式網路組織，將現場判斷和實踐列為優先，並由每個站在第一線的人自行思考，採取行動，以便因應不斷變化和流動不定的狀況。

商務的領域也一樣，若要在瞬息萬變而流動不定的市場當中發展，就需要藉由高速迴轉開創知識價值，運用靈活的構思能力、準確的判斷力和敏捷的行動，打一場知識機動戰。

尤其在戰力有限的時候，知識機動戰就更為重要，所以需要知識機動力。知識機動力要由現場的人才發揮分散式領導，高速迴轉知識創造的循環，同時配合每個時刻的文辭脈絡，做出盡善盡美的判斷再執行，以便實現企業存在的意義和高層描繪的願景。

讓我們試著將這項概念套用在NTT Docomo農業女子的案例上。

農業ICT化導致大型IT企業進行大規模投資展開消耗戰，Docomo這支慢半拍的弱小部隊只好以知識機動戰爭鋒。耐人尋味的是，職掌知識機動戰第一線的是女性員工，號稱農業女子的非正式網絡組織。更值得注意的是，當時對於他人的共感將化為知識機動力的原動力。

石本酒造的石本先生從第一次見到新潟的松本女士，就正中對方的下懷，成了分享想法的陪跑者。這讓人想起孫子心目中最佳的「不戰而勝」終極型態。

松本女士對顧客共感的同時，感受到石本酒造農業ICT化的本質並不是單

14 「單點突破，全面展開」一詞並非出自孫子兵法。

純提升農務的效率，而是要幫助廠商自立，讓釀酒的原料可以自給自足不仰賴別縣，於是奠定屬於自己的跳躍性假設，「幫忙提升酒米的品質」。

另外，大山女士和濱森女士在新潟以短短兩個月的速度，發起提升農務效率的實證專案，將地方政府和新創企業拉進來。她們在知識機動戰當中一心關注國家戰略特區，以此為突破口，動員各地的農業女子和銷售團隊，在日本全國各地發展。這齣「單點突破，全面展開」的策略劇本，是以機動戰單點突破之後轉為消耗戰，最後獲得勝利。

我們應當從農業女子身上學習知識機動戰的作戰法。

展開知識機動戰時，影響強度和優勢的因素為何？機動戰當中，在個人和組織層次的雙方都少不了直觀掌握狀況、準確判斷情勢、迅速決策和敏捷的行動。因此，強度和優勢是取決於「節奏（質量×速度）」、「威力（質量×加速度）」和「精神要素」這三個要素的相乘總和。

首先是「節奏」。企業社會當中特別重視組織的階層，但只要依循階層聽令行事，就打不了機動戰。就這一點來說，農業女子透過和董事共感締結職場導師的關係，進而越過階層，迅速決策。同樣以共感締結的農業女子網路動起來之後，也可以藉由橫向合作獲得支援，在垂直水平兩個方向發揮知識創造迅速的機動力。

其次是「加速度」。與客戶和合作夥伴面對面時，往往會陷入旁觀者的立場，試圖用分析掌握情況。不過，農業女子從共感對方切入，加速知識共享。在影響他人的各種力量當中，共感能力能夠發揮最大的威力，新潟專案啟動的速度就是佐證。

最後是「精神要素」。農業女子的志向是「解決社會課題」和「幫助別人」的共善，而不是權力導向或利己的意識，所以能對各式各樣的當事人共感，擁有吸引別人的魅力。權力導向強烈的組織往往容易閉門造車，不過與農業女子建立關係後，閉門會因為利他之心和根基於此的共感能力而融化。

每個人藉由知識機動戰，聯繫和拉攏各式各樣的組織和人物，就如從農業女子身上看到的一樣，需要根植於利他和共感等生活方式的人格魅力。

經營講座② 激起共感的工作方式是以「動詞」而非「名詞」為本

農業女子的活動表明，工作方式也有以「名詞」或「動詞」為本的範疇。

名詞為本和動詞為本的不同

名詞為本	動詞為本
旁觀、客觀、主客分離	共感、主觀、主客未分
科學、分析	實相、整體
從外部看實在	從內部看真實
以實物思考	以事件思考
先思考再行動	邊行動邊思考
人類＝being（存有）	人類＝becoming（生成）
靜態、固定	動態、流動
重視外顯知識	重視內隱知識

名詞為本的工作方式是將組織端上檯面，例如〇〇公司對××市，〇〇部門對××部門，或以董事對員工的階層為前提。反觀動詞為本的工作方式，則是將目的意識和問題意識當成行動原理，例如「我們要成為什麼樣的人」和「為了什麼工作」。

農業女子致力於各地五花八門的主題，從過程中意識到「我們參與解決社會課題」的動詞。當然，農業女子的成員也是NTT Docomo公司的員工，也有各自所屬的部門，身居名詞的組織當中，就連名片上都標明組織的名稱。

然而，假如在同樣的名片上一併標

自我組織是什麼？

- 將擁有自主行動的構成要素匯集起來，以交互作用為媒介，分別加總之後形成更優質且高度複雜秩序的組織。
- 每個構成要素並非管理—非管理的關係，而是在激勵自己的同時產生新知識。
- 個人積極參與，從自主的個體產生的獨特創意並傳播，化為整體的創意與思想。

註「農業女子035」，就會變成以動詞為本的行動方式。收到這張名片的人也會看到標註，瞭解農業女子的活動，超越名詞為本以動詞為本交流，從過程當中形成共感。

大山女士和濱森女士能以短短兩個月的速度，發起提升農務效率的實證專案，讓地方政府和新創企業共同參與，想必也是因為當事人之間以動詞為本互相共感，而不是以名詞為本。

名詞的範疇會產生權力結構和科層化，動詞的範疇則會湧起共感。農業女子的大顯身手表明，要發揮知識機動力，就要記得不受名詞束縛，認知到自己的動詞。

經營講座③　憑共感締結的組織會「自我組織」

自我組織（self-organization）屬於複雜系統科學的概念，指的是自然界當中的某個行動將自身組織、自動產生秩序的現象。

這個概念也可以套用在人類的組織上。組織或團隊成員若要達成整體的目的和目標，就要超越管理—非管理的關係，瞭解自己的角色和價值，激勵自己的同時自主行動，以主體的觀點建立承諾，產生新知識。藉由這項交互作用，開創出全面且高度的知識。自我組織指的是這種個體和整體之間保持平衡的狀態，使雙方的創造力和效率雙方得以提升。

當然，一個人的行動會依循組織當中管理—非管理的關係。不過，誘發個人主體承諾的是「場域」，而非組織本身。農業女子活動的特徵在於每個成員自主行動，發揮實踐性智慧。這是因為農業女子是憑共感締結的「以意義為本的組織」，並生成「場域」。

憑共感締結的組織會「自我組織」。從農業女子身上可以學到，要打一場知識機動戰，就需要分散式網絡型組織，由每個站在第一線的人自行思考和行動。成員之間憑共感締結的關係愈穩固，形成的戰力就愈強大。

經營講座④ 擁有商品化能力就能操控「知識機動戰」

關於日本環境設計的案例又是如何呢？

這則案例始於一個人的熱情，藉由以動詞為本的相遇，將共感圈從日本擴展到海外。岩元先生經手的專案就如「地球環境防衛軍」這個名稱所表明的一樣，起點落在共感「地球居民」的第二人稱領域。

接下來，從本質上意識到「威脅地球和平的終究是地下資源的爭奪戰」之後，進而探究從事纖維產業的自己「想要做什麼」的第一人稱主觀想法，賦予服裝新的意義和價值，推導出「以衣製衣」和「實現一滴石油也不用的社會」的跳躍性假設。

圍繞著地下資源打轉的競爭屬於權力遊戲消耗戰的範疇，由資金雄厚、戰力龐大的人操控。反觀規模小的新創企業，假如要讓活用「報廢品」地上資源的事業步上軌道，就需要進行知識機動戰，藉由適時適當的決策和戰力的移動與集中，掌握戰爭的主導權。

只不過，戰鬥方式有消耗戰和機動戰，儘管機動戰在變化迅速充滿不確定的狀況下會發揮作用，然而單憑機動戰終究無法操控戰爭，還是會需要消耗戰，這也是事實。問題是，要怎麼在進行機動戰的同時展開消耗戰？

首先是需要大企業的協助，以確保回收據點的回收再利用技術，因此岩元先生四處走訪企業，與「願意共感的義士」相遇，以動詞為本形成第二人稱「我們的主觀」，再以第三人稱概念化和商業化。

「改變社會」少不了消費者參與的群眾力量。值得注意的是，為了營造「場域」和消費者來一場以動詞為本的相遇，而呼籲「大家一起讓迪羅倫跑車動起來」，舉辦娛樂性高的活動讓人能夠開心動起來，擴大共感圈。

想要在以動詞為本的知識機動戰當中，製造機會與企業、消費者和其他各種當事人相遇，就要從這一點突破，同時建立「循環迴圈」的知識生態系統，再藉由開放式遊戲擴大圈子，全力操控戰爭主導權。這也要靠人與人之間的共感能力方能實現。

另一個值得注意的是在追求理想的同時也重視獲利，探究各種交易中所產生的價值，能否賺取利潤。

價值誕生於事件的意義。消費者看到陳列在店裡以再生纖維製成的衣服，即使以實物來說跟石化纖維製成的衣服一樣，但也會感受到「製造時一滴石油也不用」這起事件的價值，對製造者產生共感而購買。

日本環境設計的商品化能力優異，懂得透過實體開創喚起共感。在以共感為本的社會型企業（social business）當中，要在展開知識機動戰的同時擴大知識生態系統，也要營造出消耗戰的態勢，全力操控戰爭。這則案例表明，屆時推銷能力會變成強大的武器。

經營講座⑤ PDCA在知識機動戰上沒有戰力

PDCA循環是商務領域當中知名的管理方式，是計畫（plan）、執行（do）、評估結果（check）和下一個改善工作（act）的過程。PDCA循環的問題在於一開始就會有明確的知識計畫，但沒有包含建立計畫的歷程。這是因為PDCA循環是一種適用於由上而下的消耗戰，是追求效率的模式。

高層和策略人員根據資料擬定邏輯分析式的總體計畫（master plan），再細分成以數字為本的計畫和措施發布。第一線團隊會根據計畫和措施運作PDCA循環，追求效率。然而，上頭提供的計畫是以外顯知識的數值為本，不會產生新的意義或價值。

另外，關於倡導在日本學校教育現場引進PDCA方面，由於計畫非常龐大，是背離現實的天方夜譚，因此並沒有徹底落實，只有在驗證時做過微觀管理（micromanagement），卻沒有付諸行動改善。同志社大學商學院教授暨社會學家佐藤郁哉批評道，這個詞應該將大寫和小寫混在一起，以「PdCa」表示，實在是一針見血。

顯然，從邏輯分析推導出的PDCA循環在知識機動戰上沒有戰力。在不斷變化的現實中，我們每天都要面臨矛盾，但沒有人知道最好的解答。所以，配合現場的脈絡，追求「更好」及消除矛盾的應變能力就很重要。

這時，單憑邏輯想必很難解決矛盾。邏輯會將矛盾的關係當成「二元對立」（dualism）。只要將矛盾當成不相容的二元對立，並藉由兩者擇一的「either...or...」（非此即彼）的否定，進而追究哪一方在邏輯上正確，就無法推導出更好的解答。

另一方面，假如對於對象共感，進入矛盾關係的脈絡，掌握當中的狀況，就會發現看似對立不相容的事情，其實有著連續的關係，某些狀況之下兩者皆為正確，而且沒有界線，可以說是「二元動態」（dynamic duality）的關係。

因此，我們不要兩者擇一，而是要尋找雙方並存「both...and...」（兩者皆是）的平衡點，為乍看之下矛盾的脈絡賦予新的意義和價值，從中推導出跳躍性假設，求得盡善盡美的解答。

地方政府和新創企業的價值觀往往矛盾，農業女子之所以能夠調整當事人的利弊得失，維持速度感建立專案，想必也是以共感對方為基礎，進入矛盾關係的脈絡，將矛盾視為二元動態，方能迅速找到更好的平衡點。

現場第一線團隊中的每個人並未遵循由上而下的PDCA，而是以自主分散的方式發揮共感能力，將矛盾視為二元動態，找出平衡點。然後，假如在矛盾關係當中發現新的意義或價值，就藉由跳躍性假設跳往下一步，這就是知識機動戰的作戰法。

第四章

在充滿不確定的年代，以「敘事策略」致勝

案例八

花王 Bio IOS

開發以往認為做不出來的界面活性劑，避免不久的將來陷入無法洗衣的困境

引言

策略大致可分為分析策略（analytical strategy）和敘事策略（narrative strategy）。

分析式思考是根據既有的理論，分析市場、競爭對手和自家公司，再以演繹和邏輯的方式推導出策略，所以不會出現身為經營主體的「人」。反觀在瞬息萬變充滿不確定的時代，這本書介紹的創新案例及

其他獲得巨大成果的專案和業務，則是以人與人之間的共感為起點，存在著人類並非由邏輯產生的構思和行動，例如本質直觀或非連續性的跳躍性假設。

追求「什麼是好」的共善，次次都以共感為基礎，進入現實的脈絡中，掌握現象背後的本質，假如遇到矛盾，則要找出二元動態的平衡點，做出盡善盡美的判斷再執行，如此在策略上才站得住腳。敘事策略是將人類放在中心的位置。

開頭登場的花王「Bio IOS」是實現創新的案例，從一九六〇年代開發界面活性劑作為洗劑的原料以來，就讓以往認為不可能實現的技術成為可能。這一章當中，將會結合接下來登場的 POLA 抗皺醫藥部外品「WRINKLE SHOT」的案例，闡明什麼是以人與人之間的共感為基礎的敘事策略，又是以什麼要素組成。

敘事篇

以「中興之祖」的一句話為後盾，開發「史上最強」的洗滌劑

❶ 開發永續性的界面活性劑

花王的衣物濃縮液體洗劑「Attack ZERO」以卡司豪華的電視廣告掀起話題，廣告當中有松坂桃李、菅田將暉、賀來賢人等五名當紅年輕演員登場。當這項商品在二〇一九年四月發售時宣稱「Attack液體具有史上最強去汙力」之後，就在《日經MJ》熱門商品等級表（上半年）排行中名列西前頭筆頭[15]，開了個好兆頭。

花王用了十年以上時間，以世界首次創新的技術開發出「花王史上最強」的洗滌劑Bio IOS，實現高超的去汙力。主要成分為界面活性劑，透過以下的機制帶來去汙效果。

界面活性劑分子的形狀像火柴棒一樣，易溶於水的親水基會附著在易溶於油的親油基末端上。洗衣之際，相當於火柴棒棒身的親油基，會吸住無數附著在衣物上

的皮脂和其他油性汙漬，圍繞在其表面上。接著，另一端面水排列的親水基就會吸往水的方向，使得汙漬離開纖維，藉此洗淨衣物。

用在洗劑上的界面活性劑，原料是從東南亞栽種的椰子樹和油棕樹種子採集的天然油脂，而Bio IOS的開發始於原料短缺的危機感。

研究開發是由平常就在做基礎研究、材料科學研究所中職掌開發和應用的兩個團隊攜手合作，主要負責職掌應用的主席研究員坂井隆也說：「天然油脂的分子結構是由碳原子排列成鎖鏈狀，界面活性劑的原料是採用碳原子數量在十二至十四之間的油脂。這種油脂在世界所有油脂生產量當中只有百分之五左右，各家廠商競相占為己有。預計世界人口至二〇五〇年時是現在的一．三倍，GDP[16]則會變成

15 《日經MJ》的熱門商品等級表會以日本相撲力士的位階替商品排名，由高到低為橫綱、大關、關脇、小結、前頭，每個位階還會分為東組和西組，東組地位較高，而這裡的西前頭筆頭指的是西組前頭等級的第一名。

16 國內生產毛額（gross domestic product, GDP），是指一定時期內一個區域的經濟活動所生產出的最終成果和市場價值。國內生產毛額是國民經濟核算的指標，在衡量一個國家或地區經濟狀況和發展水準有相當重要性。

三．二倍，世界生活水準將會提高，洗劑的需求將會激增。然而，森林砍伐為一大問題，且要擴大棕櫚栽種的面積也很有限。這些因素皆讓人擔心供需平衡會遭到破壞，洗劑的價格高漲，就連日常的洗衣服也會有困難。」

另一方面，在世界上所生產的天然油脂中也有產量最高，但未被使用的剩餘油脂。

坂井繼續說道：「這種碳原子十六至十八的棕櫚油能夠從油棕的果肉萃取出來，可分為固體部分和液體部分。熔點低的液體部分會用於食用油，熔點高的固體部分則用途有限，也不適合當作界面活性劑。最大的問題在於碳原子的數量從十六增加至十八就不溶於水。界面活性劑的製造方法早在七十年前由德國建立，爾後這項問題沒能獲得解決，所以不適合做成界面活性劑。假如能夠有效活用固體部分，當成界面活性劑的原料，就可以解決資源問題，製造出永續性（sustainable）的界面活性劑。因此，我們決定挑戰界面活性劑歷史上的首次革命。」

❷ 世界首次成功開發技術

二〇〇八年開始進行研究與開發，儘管當時歐洲開始倡導永續性概念，但美國和日本卻還沒有動作，計畫開始時公司內部就傳出「這樣的研究就算做了也沒人高興」的聲音。

首先，要從棕櫚油的固體部分製造一種稱為烯烴的液體物質，當作親油基材料。以往不可能用碳原子十六至十八的天然油脂製造烯烴，但是開發團隊花了兩年，將不可能化為可能。

接下來，則是將一種稱為磺酸基的親水基與烯烴結合。然而，界面活性劑的親油基碳原子數量愈多，鎖鏈愈長，親水性就愈低。新開發的烯烴碳原子數量是十六至十八，要是將親水基結合在其末端的部分，製成界面活性劑，就會很難溶於水。

因此，職掌開發的團隊將親水基結合在親油基的中間部分而不是末端，建立出親油基形狀分支的高親水性分子結構。這就是內烯烴磺酸鹽（internal olefin sulfonate, IOS），世界首次成功合成出以天然油脂為原料的 Bio IOS。

不過，就在這時卻遇到了障礙。

在職掌開發團隊當中扮演重要角色的堀寬說：「當初開發 Bio IOS 的宗旨是有效利用碳原子數量十六至十八的油脂，沒有事先想過界面活性劑該的功能。所以，也沒有決定要以衣料用洗劑為目標，總之就是在探索功能的同時，衡量這可以替代哪個目前人們所使用的界面活性劑。但是，卻發現找不到能應用的地方。」

❸將親水性和親油性不可能並存的狀況化為可能

突破這道障礙的人是坂井。職掌應用的坂井團隊擔任研究所和商品開發部門的橋樑，坂井從一九九二年進入公司以來，就持續研究界面活性劑，他開始調查 Bio IOS 的監測資料。

在公司內部，因為這些不利因素開始對 Bio IOS 的研究開發吹起逆風。以往通常是由商品開發部門委託研究所「可以製作這種材料嗎」，Bio IOS 卻是研究所主動提出「可以使用這種材料嗎」，這是花王睽違二十年來的突破之舉。就在與各家公司競爭去汙力和其他功能的過程中，即使推出「永續性界面活性劑」，對顧客的宣傳力也很薄弱。公司內部冒出許多負面迴響，還有人要求中止開發。

坂井也在猶豫該不該加快開發速度。但是號稱「中興之祖」的前總裁丸田芳郎的一句話，在後面推了他一把。從一九七一年起擔任總裁二十年的丸田，憑藉經營手腕將花王推上世界級企業的地位。當坂井進入公司時，丸田擔任董事長一職。

「戰鬥時要以科學化的資料為本，明白什麼是正確的。」這是丸田的口頭禪。一旦決定研究開發，就要確實做到發現正確答案為止。回歸原點，踏踏實實蒐集資料，持續調查，最後發現Bio IOS具有前所未見的功能。那是二〇一五年的事情。

坂井說：「以往界面活性劑的取捨權衡是碳鏈愈長，親油性就愈高，親水性就愈低。Bio IOS的親水基與親油基的中間結合，長鏈分成兩個部分，易溶於水，卻尚未查明親油性的程度為何。後來，我們在蒐集資料的過程當中，發現即使分子結構改變，易溶於油的功能也不會改變。換句話說，就是證明親水性和親油性可以並存，實現既有界面活性劑做不到的事情。而且Bio IOS與油的親和性高，只需少量就可以發揮界面活性功能。既然如此，就有可能製造出新的衣料用洗劑，將Bio IOS的價值發揮到極致。」

❹世界最大廠的提案改變潮流

這時，從公司外部吹來一道順風。同樣在二〇一五年，世界最大盥洗用品廠寶僑（Procter & Gamble, P&G），就提出將衣料用洗劑的界面活性劑改成永續性材料的必要性。

寶僑已經放棄界面活性劑的基礎研究，表示無法自行開發。「既然如此，花王就該做世界的先驅。」坂井援引寶僑的建議，同時持續在公司內部發送訊息，要求使用Bio IOS開發新的衣料用洗劑商品。

贊同的聲音逐漸散播開來，最後管理高層當機立斷，以此為契機，趁著這股潮流順勢變化，商品開發部便開始啟動。

❺藉由花王獨特的矩陣營運方式開發量產技術

值得注意的是，早在開始開發商品之前，就已經同時開發量產技術。起跑時間是二〇一二年還不清楚Bio IOS用途的時候，加工暨流程開發研究所的主任研究員藤岡德，當時與堀組成搭檔職掌量產技術開發。

他表示：「花王有一套矩陣管理的機制，允許不同的研究所超越組織的藩籬，聯手打造一項商品或技術。我們的技術開發也是典型的例子。二〇一二年當時還不知道 Bio IOS 開發的終點在哪裡。但是，要等別人明白之後再開始開發量產技術，搞不好會來不及。既然可以想見碳原子數量十二至十四的油脂會不足，那就要趁早活用碳原子數量十六至十八剩餘的油脂原料。只要能夠分享這種可能性，即使看不到終點，也可以一起前進。這項任務可以交給研究所現場各個組長級的人物來判斷。」

開發 Bio IOS 大量生產的技術「格外困難」。為了將磺酸基連接到液體烯烴上，就必須與氣體起化學反應。即使在實驗室中順利進行，但是當實際使用生產工廠設備進行實機測試時一定會當機。就算花了一整晚準備和實驗，也常常在開始之後隨即發現失敗，或以為成功了，卻在品質評價上全軍覆沒。

兩人的奮鬥最終在二〇一八年十一月開花結果。當花王舉行「技術創新說明會」宣布自家公司致力投入的研究領域發展出新技術、並將 Bio IOS 和人工皮膚兩項技術一併介紹的前五天，團隊就立下目標要發展量產技術。藤岡說：「遇到失敗就建立假設，接著又失敗，不斷重演。最後假設終於正確也鬆了一口氣，因為之前實在是被逼得狗急跳牆了。」

見證實驗不斷進行的堀也這樣說：「假如不能大量生產，新的洗劑就沒辦法發售，當時真的令人坐立難安。」

翌（二〇一九）年一月，澤田道隆總裁在Attack ZERO新產品發表會上親自登臺。他充滿自信地說「花王提出終極洗淨的方案」、「將不可能化為可能的創新」，還宣布雄心勃勃的計畫，要在四月至十二月的九個月內達到三百億日圓的銷售目標，這是將要停售商品「Attack Neo」的一．五倍。

❻ 憑著執著不斷開發，世界就會改變

在聯合國高峰會（United Nations Summit）通過永續發展目標（SDGs）之後，永續性突然在日本引起高度關注。

坂井說：「剛開始開發的時候，沒有人對永續性界面活性劑表示關注。即使如此，身為標榜『提供潔淨生活』的廠商，責任上就必須避免洗劑價格翻漲數倍的情

況。所以堅持不斷開發，結果世界開始產生改變，商品也趁此時機成功完成。要是當時半途而廢，想必就沒有辦法掌握這個趨勢。而且，我認為花王的企業文化就是藉由創造優質產品，為眾人實現豐富的生活文化做出貢獻。」

藤岡和堀也有同感。藤岡說：「量產化的技術開發若沒有同時進行，完成的時間就會再往後延。」堀說：「從這個意義上來說，就因為花王徹底執行矩陣管理，才能一舉成功擁有從原料製造至最終量產商品的技術。」

Bio IOS也可以用在硬度高和低溫的水當中，因此也適合硬水地區占居大部分區域的歐洲和寒冷地帶。坂井等人的目標是在全球發展，讓世界的洗劑廠商採用Bio IOS。坂井說：「我從年輕時便夢想著要憑一己之力，讓全球愛用的界面活性劑問世。」

「要解決資源問題，就必須讓全世界都能使用。期盼將來會因為花王當時所開發的界面活性劑，讓我們現在仍然能以此價格購買到洗劑，這是一個新的起點。」

※「Bio IOS」的解釋篇將會在下一個案例之後一併說明。

案例九

寶麗（POLA）WRINKLE SHOT祛皺精華霜

努力十五年總算可以明言「能夠改善皺紋」，世界首度解開皺紋形成的機制

引言

讓我們製造出日本第一個可以明確強調「有效抗皺」的化妝品。這項開發始於一名研究人員的決心，她直到三十五歲前都是拿不出成果的「日陰之花[17]」。從那之後過了十五年，即使眾人不斷叫自己「放棄」也不灰心，終於在五十歲那年達到前人未至的目標。

開發的過程當中，每逢午休時到員工餐廳吃飯，唱衰的話語或輕

視的笑聲就會傳進耳裡，連被他們嘲笑的本人就在那裡都不知道。但是她死命忍了下來：「要是我發飆的話，開發成員至今的努力就會付諸流水。」歷經十五年的研究開發正是這樣的一個故事。

分析策略不會讓人感動，但敘事策略卻會喚起周圍對執行者的共感。WRINKLE SHOT 的開發也在沸沸揚揚的反對聲浪當中，憑藉許多共感者的協力和支援達到成功。從許多人直接或間接涉及的意義上來看，敘事策略可以說是實現了「全員經營」。

從這則案例當中可以學到，想要在看不見未來及充滿不確定的情況下引發創新，領導者就必須擁有敘事的能力，扎根在自己的生活方式當中。

17 形容在角落、陰暗的花朵。

敘事篇

追溯挫折和奮鬥的軌跡，駁斥公司內部的中止論調

❶開發敘事讓銷售員感動而流淚

這是史上第一次解開人類皮膚形成皺紋的機制，POLA藥用化妝品「WRINKLE SHOT祛皺精華霜」是日本第一個經政府認證、可改善皺紋的醫藥部外品[18]。

雖然一瓶要價一六二〇〇日圓（含稅，從二〇一八年一月起調整為一四八五〇日圓），但在二〇一七年一月一日發售之後，首年的年銷售額就達到一百三十億日圓，大幅超越年度目標一百億日圓，並在《日經MJ》熱門商品等級表當中排行為東小結[19]。

此商品實際開發時程十五年，且過程中困難重重。一堵又一堵的高牆、層層阻擋的屏障、意料之外的障礙，要求「中止」的聲浪等，研發團隊克服種種障礙，完成任務。

職掌銷售的商品計畫部經理山口裕繪說：「假如把耗時十五年的開發比喻為接

力賽，我們就是接下最後一棒的跑者。要是沒有率先抵達終點，研發團隊的辛勞就得不到回報，讓人感到責任重大。」

POLA，舊名為POLA LADY（後來更名為美容總監（Beauty Director）），是以女性銷售員作為登門推銷的主力。雖然現在比重轉移到連鎖店或百貨公司櫃檯的專櫃販售，但由全國四萬五千名銷售員職掌第一線的型態並沒有改變。

山口率領的銷售團隊為了發售，與研發人員在一個半月的時間裡，共同走遍日本全國一百五十個地方，不斷告訴銷售員開發時的種種艱辛。

山口繼續說道：「既然是日本第一個改善皺紋的醫藥部外品，可以想見單憑這點就一定會成為暢銷商品。只不過，我們的任務是將它變成穩固的品牌。品牌是製造者實現顧客喜悅的思想，是意圖實現這點而近乎執著的結晶。我想將這份意念傳達給最

18 醫藥部外品是指該類產品使用了法規限制的成分及濃度限量，例如預防口臭、止汗、脫毛或美白類等產品，是不屬於醫藥品但功效卻接近醫藥品的衛生保健產品。

19 《日經MJ》的熱門商品等級表會以日本相撲力士的位階替商品排名，由高到低為橫綱、大關、關脇、小結、前頭，每個位階還會分為東、西組，這裡提到的東小結是指東組的小結位階。

前線、與顧客面對面的銷售員。結果女性銷售員很感動，聽著聽著就流下淚水。這是一個令人印象深刻的景象。研究人員可以公開說明他們所開發的產品，是當時在多麼不甘心之下、辛苦做出的成果。『就因為懷著這股意念才開發出能改善皺紋的產品。』這對銷售員而言也是一種榮耀，而她們的淚水則是對這份榮耀的感動之淚。」

這裡想要追溯四萬五千名銷售員共感研發人員長達十五年來「意念接力賽」的軌跡。

❷ 以遭受皺紋苦惱的女性和研究夥伴的共感為初衷

POLA商品的研發由集團公司POLA化成工業研究所負責。WRINKLE SHOT於二〇〇二年開發，始於研究員末延則子（現為該公司執行董事暨先驅研究中心長）調職至化妝品部門擔任開發團隊負責人。當時的她進入公司十一年以來，一直待在醫藥品部門，沒有將化妝品商品化的經驗。

末延從藥學系研究所畢業後，獲得工業廠商的錄用，但是，她以「想要參與製造直接送到使用者手上的消費品」為由拒絕受任。儘管求職季已經結束，她卻自行致電人事部，並進了POLA公司。

末延分發到的醫藥品開發部門，以業務來說才剛起步，人才又少，假如有不懂的地方，就要主動請教公司外的專家。然而，就算開始研究某個主題，每次上司換人時，主題也會在短時間內改變，淪為拿不出成果的「日陰之花」。當時她心急如焚，甚至因此向上司抗議。

最後，末延愈來愈覺得「想要親身挑戰新事物，而非單純做完既定的工作」，於是提出調職申請。結果被分發到新成立的皮膚藥劑研究所，開始參與化妝品的開發。

那一年，POLA的創辦人暨第三任總裁鈴木鄉史（現為寶娜奧蜜思控股公司（POLA ORBIS HOLDINGS INC.）總裁）宣布《新創業宣言》，宗旨是「恪守顧客至上的原則」、「業務的選擇和集中」及「組織風氣和管理革新」，展開企業變革。於是也藉此機會，將登門銷售轉型為建立門市招攬客人。

「研究機構也想挑戰新事物」、「創造新價值是我的工作」。當末延下了這個決心時，就明白到一個現實，讓化妝品部門的研究人員陷入兩難。

女性的兩大煩惱當中，能夠明言有效對抗黑斑的醫藥部外品已獲准上市，反觀有效抗皺的醫藥部外品則付之闕如，藥事法當中也沒有皺紋類別選項。

要改善皺紋，有效成分就必須作用在真皮上，比肌膚表面的表皮更深。由於真皮當中具有血管和神經，因此有效成分需要極高的安全性。即使發現會作用在真皮上的有效成分，並申請為醫藥部外品，也不保證能獲准上市。

因此，無論製造哪種產品，都只能拐彎抹角地說可以「增進皮膚健康」之類的標語，但不是政府獲准上市的化妝品，讓人覺得很不甘心。另一方面，現實卻是三十歲以上的女性有七成為皺紋所苦。

末延說：「既然如此，就找出有效成分，獲准當成醫藥部外品上市，抬頭挺胸光明正大地說『能夠改善皺紋』。假如能解決這個問題，許多女性就可以獲得幸福。這一切都始於研究人員多年的意念及為苦惱皺紋的女性著想，但是我們很快就碰了壁。為什麼皮膚會形成皺紋，其中的機制尚未解開。」

❸從白血球當中分泌的酵素是皺紋的元凶

世界各地的研究人員針對形成皺紋的機制做了各種基礎研究。一般說來，開發一種含有新有效成分的醫藥部外品，至少需要花上十年和十億日圓的時間與金錢，而且還不一定能夠達到目標。

為了降低風險，通常的做法是以既有研究當中的論文為基礎，周圍的資深開發人員也建議「開發時最好使用已知對皺紋有一定功效的成分」。然而，末延仍舊堅持己見獨力開發。

「我們的目標是製造最有效的醫藥部外品，可以抬頭挺胸地說『能夠改善皺紋』。既然要創造前所未有的商品，就要從頭架構所有的研究。這是既老土又需要腳踏實地的工作。」

當時，研究所正將主力投入至已經發售的美白醫藥部外品開發當中，那些暢銷的產品能讓黑斑變得不顯眼。開發抗皺醫藥部外品的團隊史無前例，能否成功還是未知數。當初這個團隊只有四人，除了末延之外都是三十歲左右的年輕人。與美白團隊相比，「當時是二軍團隊」末延表示。不過，倒是充滿了活力。

研究要腳踏實地，用顯微鏡窺視和比較有皺紋和沒有皺紋的皮膚，反覆核對。末延看出團隊成員過於埋頭研究，視野窄化，於是就從完全不同的角度指正，教導他們要具備靈活的觀點。

接著，有個現象就在他們不斷比較的過程當中浮現出來，許多嗜中性球（neutrophil）會聚集在起皺紋的地方。嗜中性球是白血球的一種，會從中釋放一種稱作嗜中性白血球彈性蛋白酶（neutrophil elastase）的酵素。當人體發炎時，嗜中性球彈性蛋白酶就會發揮分解異物的功效。因此，研究時就試著將嗜中性白血球彈性蛋白酶撒在皮膚組織上。結果，真皮中的膠原蛋白和彈性蛋白遭到分解，皮膚變得坑坑疤疤，這是找出產生皺紋的時刻。

「平常皮膚暴露於戶外的紫外線時的『微微發炎』，會讓嗜中性球誤以為這是『傷口』。嗜中性白血球彈性蛋白酶是把雙面刃，不僅會分解異物，就連真皮的成分也會當成『異物』分解，最後產生皺紋。不過，光是發現此現象還不夠，還要找到抑制劑阻止嗜中性白血球彈性蛋白酶的作用，展現抗皺的功效，才能證明其機制。這時就需要再一次務實穩健地做好工作。」

❹從薄荷巧克力冰淇淋獲得靈感

可供選擇的抑制劑多達五千四百種，包括藥品、植物萃取物和微生物的代謝物，必須要根據抗皺效果、安全性、顏色和氣味等條件逐一清查。

最後發現合成四種氨基酸衍生物的材料NEI-L1最有效。那是二〇〇四年的事情，距離抗皺團隊成立已經過了兩年。當時，連評估皺紋是否改善的測試方法都沒有，相關評估準則甚至必須自行制定。

就這樣，史上第一次解開長皺紋的機制，發現有效成分。接著，他們將接力棒交託給職掌製劑的團隊。然而，等在那裡的是更高的一堵牆。

有效成分須搭配其他材料製成乳霜狀或乳液狀。NEI-L1在製劑的過程當中遇到決定性的問題。大多數化妝品都含有水分，但NEI-L1卻容易被水分解，難以穩定其結構。

負責人檜谷季宏（現為智慧財產暨藥事中心藥事小組負責人）說：「製劑用的材料也有幾百種，就算逐一嘗試也沒能順利穩定它的品質。即使走訪日本各地的大學洽詢，也沒有找到解決方案。」

公司內部也有人因此感到絕望，上級好幾次要求「中止開發」。在員工餐廳，也會聽見別人嘲笑自己在作困獸之鬥，但末延拚命忍耐這些聲浪。

「我們每次都會向高層提交技術研究方法，這次雖然用這種方法失敗了，不過下一次會將學到的教訓活用，同時表明事情會在我們勾勒的藍圖當中一件一件完成。」

末延走訪大學時的態度讓檜谷印象深刻。每個月的拜訪人數最多一、兩位，但令人驚訝的是，末延幾乎讀完所有將前去拜訪的研究人員所研究的相關論文。

檜谷說：「假如專攻領域不同，論文所寫的內容就會像『外文』一樣難懂。即使如此，她卻說『沒有好好瞭解研究內容會很失禮』，看她的行程表密度會讓人懷疑她哪來這麼多時間。不過也因如此，她才能準確地對老師們提出精準的問題，讓人一再佩服。領導者身先士卒，不惜花費時間和努力的態度，激勵我也要盡力而為。」

末延在照顧孩子的同時，會在凌晨三點半爬起來看論文，然後才上班。

解決方案突如其來。那是二〇〇六年初開始走訪大學第三年的事情。檜谷在拜訪神戶的研究機構時，看到吃午餐的餐廳在飯後端出的薄荷巧克力冰淇淋，頓時靈機一動。

「巧克力點綴在冰淇淋當中沒有融化。同樣的，只要NEI-L1直接以固體形式，散布在以油脂成分為中心的材料就行了。這是一種很單純、簡單的方法。」檜谷說。

經過三年蒐集測試資料，就在二〇〇九年六月、著手開發的七年後，完成醫藥部外品的批准申請。

❺看不到出口的苦戰

但是，正當預計要獲准上市時，發生意想不到的狀況。

二〇一三年七月，自公司批准申請算起的四年後，佳麗寶化粧品集團（Kanebo Cosmetics Inc.）銷售的醫藥部外品美白化妝品發生「白斑事件」，使用者的皮膚變成斑駁不均的白色，批准上市的行政部門也遭到究責。末延與厚生勞動省[20]的負責人聯繫，對方表示：「要是沒有再一次重新評估此醫藥部外品，核准程序無法向前邁進。」當時，審議完全停擺。

20 日本中央省廳之一，相當於他國福利部、衛生部及勞動部的綜合體。主掌健康、醫療、兒童、育兒、福祉、看護、雇用、勞動和年金等政策領域。

儘管如此，開發團隊仍然沒有放棄，堅決徹底執行安全性測試。除了讓一百二十二個人連續使用一年、證實沒有副作用之外，並反覆測試到連合作的醫生都訝異「還要做嗎」的程度。

這應該也稱得上是開發團隊的「作風」，其中強烈反映出末延的思考和行動「實在很膽小」。居家大門的鎖她一定會檢查兩次，有時途中又會折回來。像這樣「愛操心」的末延，即使在研發當中也要求團隊膽大心細地一一確認、徹底核對。

要驗證到什麼程度才稱得上足夠？還需要什麼樣的資料？所有的方法都考慮過了嗎？有沒有遺漏和疏漏？不遺餘力地防範想得到的風險。而且，末延對他的部屬也很嚴格，有時團隊成員花了好幾天取得的實驗資料，短短五分鐘就可以挑出錯誤。

不過，若經過徹底核對的部分，達到可以信服的結論，那麼就算有風險、或被周圍的人反對，末延也不妥協。然而，就算出示詳盡的資料，厚生勞動省也沒有批准的跡象。

「不要當成醫藥部外品，改成化妝品怎麼樣？」

高層急著想看到成果，末延卻沒有配合。

「我希望可以光明正大說出『能夠改善皺紋』，這也是POLA女性銷售員的想法。換作是化妝品就不能這樣講了。在我們的藍圖中，除了醫藥部外品以外就沒別的可能了。」末延說。

雖然看不到出口，團隊成員的想法卻一致。

「雖然也會感到不安，但我想要堅持到底，不會屈服。」檜谷說。

歷經一連串的艱辛，以前的「二軍團隊」逐漸成長為出色的團隊，別人看了都說「為什麼那裡會聚集優秀的人才？」

❻ 聯繫眾人的共感鏈是產生知識的原動力

二〇一六年六月，從申請起七年後，期待已久的批准下來了，接力棒交給了生產工廠。製造不用水的製劑很困難，但是「大家都知道我們的辛苦，所以也盡了最大的努力」末延說。

同時在POLA內部中，由山口率領的商品企畫、銷售、設計和宣傳的跨部門團隊便開始有了動作。

長達十五年的「研發故事」也要納入設計之內。漫遊在黑暗的宇宙中總算看到光明，那就是WRINKLE SHOT。軟管瓶本身的藏青色代表宇宙，瓶蓋的金色代表星星，商標和盒子的橘色代表太空衣。商標也採用了手寫字體。

山口說：「這是契約書的簽名。以最後一棒跑者身分抵達終點的女性銷售員，對顧客談論研究人員十五年來的軌跡，光明正大承諾要改善皺紋。儘管研究人員由於進度的延誤，有時會遭到別人在背後指指點點，卻仍滿腔熱血、努力完成的產品。這份榮耀就以手寫字體來表示。」

在舉辦一百五十次銷售員培訓之後，產品於二〇一七年元旦開始發售。雖然日本全國各地有許多連鎖店都是個人經營，不過門市在第一天就共同加入銷售的行列，且東京都內的百貨商店專櫃從元旦起就大排長龍。

同年六月，資生堂推出第二種號稱抗皺醫藥部外品的產品，成分包含能促進真皮結構之一的玻尿酸。一條單價是平易近人六二四〇日圓（含稅），加上藥莊店和廣大的銷售網絡，也取得不錯的進展。但是，WRINKLE SHOT的銷售完全「不受影響」山口說。

有一則小故事能說明這件事。POLA從發售起十個月後，召集使用者進行採訪。「POLA似乎在製造時遇到超乎想像的困難、付出很多的努力，所以我就買下來了。」山口聽到使用者這樣說，心想：「啊，原來這件事已經傳開了。」認為大家的辛勞終於有了回報。

「功能優異的背後是人的故事。顧客追求的也不只是功能，還有對故事的共感，從而贏得信任。這次讓我上了一課。」山口說。

末延也收到女性銷售員寄來的感謝信和工廠傳來的訊息，表示：「絕不讓產品缺貨。」而這些都張貼在眾人目光所及的研究所餐廳當中。

「兩者都屬於現場工作夥伴的共感。」末延說。

二〇一七年底，末延榮獲《日經WOMAN》雜誌主辦的「年度女性」大獎。十五年來，她不斷鼓舞團隊，即使在逆境中也沒有放棄，這份領導能力獲得高度的評價。

企業活動伴隨許多困難，懂得以眾人的智慧和知識克服的企業才能達到成功。這次得獎告訴我們，在「知識競爭」時代，聯繫眾人的共感鏈才是產生知識的巨大原動力。

解釋篇

敘事策略由「情境」和「行動規範」所組成

經營講座① 排除人類的分析策略會有所侷限

策略的定義五花八門，沒有「正確」的唯一解。

提到企業管理當中的策略，相信大家會想到競爭策略：如何贏得競爭、奪得勝利，並提高利潤及生存。換句話說，策略的目的是要確保企業和事業的競爭優勢，進而達到持續性的成長。

以往的企業管理主要是籌畫美式科學下的競爭策略，運用分析手法分析市場環境和公司內部的資源。這是一種分析策略，其中典型的例子是哈佛商學院（Harvard Business School）教授麥可．波特（Michael Porter）提出的競爭優勢理論，號稱「定位理論」（Positioning）。

定位理論以經濟學的產業組織理論為基礎，認為市場的結構會決定企業的行為。當公司籌畫競爭策略時，需要判斷市場的吸引力及選擇市場，再判斷和選擇自家公司在這個市場當中的最佳定位。為了在判斷和選擇時瞭解市場的結構和變化，波特定出五大競爭因素。這種框架就叫做「五力」。

五力分析是藉由以下五大因素，分析業界的競爭環境：買方（顧客或使用者）的議價能力（bargaining power of customers）、供應商的議價能力（bargaining power of suppliers）、潛在進入者的威脅（threat of new entrants）、替代品的威脅（threat of substitutes）和現有潛在競爭者的威脅（competitive rivalry）。

然而，這種以波特競爭理論為代表、市場分析科學之下的策略卻存在侷限。

首先是完全沒有包含藝術的部分，看不到人類作為經營主體的信念和價值觀及據此產生的企業存在意義和組織願景。知識創造始於人類共享內隱知識，沒有人類就沒有知識創造進入的餘地。這是一個缺少人類因素下的策略理論。

隨著知識在企業管理中的重要性日益提高，對於知識作為競爭力來源的漠視，讓人不得不懷疑定位理論的效用。

其次是分析策略無法適應號稱「VUCA世界」的現代市場環境。

現代局勢不穩，變化激烈；難以預測未來；機制複雜；問題和課題不明確，這就是VUCA世界。

在VUCA世界中，基於既有的分析資料、以靜態和固定的方式掌握市場環境的分析策略就存在侷限性。波特等人設立的策略顧問公司摩立特集團（Monitor Group）於二〇一二年破產，就是一個象徵性事件。

第三，科學化的分析策略是以由上而下的管理為前提，沒有活用現場累積的內隱知識。沒有相關領域背景知識的高層和企畫部門根據分析式的外顯知識資訊擬定策略計畫，並要求現場人員進行實踐。

最後是計畫和現場的實際狀況分有所差距。因為過度分析和過度計畫導致現場疲弊是日本企業的現狀，想必是分析策略和由上而下的管理所致。

經營講座② 所有層面都迥然不同的敘事策略和分析策略

與不包含人類的分析策略相反，敘事策略將人類放在策略擬定和執行的中心。

另外，就如前面所言，策略可以想像成流動而非靜態，而在敘事策略方面，則可以想像成動詞的「為策略說故事的行為」，使用動詞形式的「敘事」，而非名詞形式的「故事」。

分析和敘事策略在每個層面上都形成對比。

分析策略指的是將眼前的現實，連同自身都要客體化和抽象化，再分析自己該採取的策略，以此為基礎擬定符合科學精神的措施。

反觀敘事策略則是每次都生成新的敘事。任何參與策略的人都要致力於現場工作，將「此時此地」的經驗與當事人共享，同時詢問自己該怎麼生活。解答會在這份交互作用當中浮現，陸續編織成故事，形成一個站得住腳的策略。

分析策略的科學方法論是以資料或數字為基礎，進行科學化的邏輯分析，而敘事策略則要解釋現實，探究其意義。

分析策略追求唯一解答，相形之下敘事策略則允許多元化和多樣化的解答，保留複雜度完整掌握個別具體的現實。唯一解固定不變，而多元化的解則追求共善，以實現共同利益為目標。

現在的時代是不確定性、複雜性、多樣性和不可預知性的極致，要以科學方法論應對會相當困難，假如不能次次創造敘事，就會找不到解決問題的線索。

以下，我們整理出幾個重點。

經營講座③ 要以「競爭求勝」為前提，還是以企業的存在意義為前提？

第一個重點在於分析策略當中，「競爭求勝」是策略的前提，而在敘事策略當中，企業則是以「為了什麼存在」和「為了什麼而奮鬥」的存在意義和組織願景為前提。

企業的存在意義亦應稱為共善，從高層到第一線參與企業管理的人，都該以實現這一點為目標。

在第一章當中，介紹了衛采和京瓷作為重視對患者共感和員工之間共感企業的例子。衛采的企業理念是「我們將患者及其家人放在首位，為提升其利益做出貢獻」，京瓷的社訓則是「追求員工物質和精神雙方面幸福的同時，為人類和社會的進步發展做出貢獻」，兩者皆為共善。

探究企業存在價值的同時，也是在探究人類這個經營主體的生活方式。從參與企業管理的高層、中階領袖到每個第一線的員工，都要不斷探究「我要成為什麼樣的人」的想法和主觀，及「要過怎麼樣的生活」的價值觀和信念。

像這樣一邊追究想法和生活方式，一邊在組織中工作是什麼意思？當一個人實踐自己的生活方式之後，敘事就會在那裡誕生。當每個人意識到將透過與其他成員交互作用的同時開創自己的敘事，進而締造組織的歷史時，自己的想法和生活的價值觀就會與企業存在的意義重疊，也就是與共善重疊，個人的想法和價值觀就會在組織當中正當化。而當想法和價值觀在工作中得以實現並帶來成果時，自己的生活方式就會產生更高層次的意義。

為了實現身為企業要追求的共善，邁向人人都能活得更好的未來，就要在每個脈絡和關係當中，動態思考和實踐多樣化的方式，共創知識，進而為每個人的生活方式建立更高層次的意義。這是理想中以人為本的敘事策略。

敘事策略追求企業的存在意義並執行策略，如果成功便是在競爭中取得勝利。由於每個參與成員的生活方式也會投射到策略當中，所以獲得顧客大幅的支持比競爭得勝更能帶來自我實現。

讓我們將這個概念套用在案例上想一想。不論是花王的Bio IOS或POLA的WRINKLE SHOT，假如以分析策略衡量，這些商品的開發計畫就不會存在。

開發Bio IOS的時候，要是沒有能夠做出類似永續性界面活性劑的技術，市場本身就不會存在。然而，要是沿用目前界面活性劑的製造方法，洗劑的價格就會因為缺乏材料而上漲，日常洗衣服可能會變得困難。所以，Bio IOS的開發是始於肩負人類未來的共感。

為了從根本上解決問題，就需要將未經使用的剩餘油脂當成原料使用。棕櫚油固體部分的碳原子數量為十六至十八，以往認為「不適合做成界面活性劑」，不過，這時則要推導出跳躍性假設，嘗試將這個物質當作原料。

以WRINKLE SHOT的情況來說，當時不知道皮膚形成皺紋的原因，自然在藥事法裡也就不會存在皺紋類別。即便如此，WRINKLE SHOT的開發仍始於共感，對於研究人員夥伴不能光明正大說出「能夠改善皺紋」而不甘心的共感，還有對於三〇歲以上女性有七成為皺紋所苦的第二人稱共感。

從那之後，團隊共享「我們要成為這樣的人」這種更高層次的「我們的主觀」，而末延則表述「我要成為這樣的人」的第一人稱主觀性。

接著，讓設想一鼓作氣跳躍到以下的跳躍性假設：「要憑我們的力量解開皺紋形成的機制，找出有效成分，從頭開發能夠改善皺紋的醫藥部外品，這在全世界化妝品歷史上前所未有。」

問題在於開發的方法，要壓低失敗的風險，通常是以既有的研究為基礎。即使這在邏輯上是正確的答案，末延女士卻直觀到本質上的意義，接受憑自身的力量從頭解開皺紋形成機制的挑戰。

就像這樣，獲得開發許可的不是環境分析，而是人與人間共感產生的跳躍性假設，是因為每個企業的存在意義及開發人員「要成為什麼樣的人」、「要過怎麼樣生活」的明確價值觀。

以上兩案例都以企業應具備的存在價值和開發人員的生活方式為前提。

花王有個企業理念叫做「花王之路」，是由「使命」、「願景」、「基本價值觀」和「行為原則」所組成，內容如下：

揭櫫「藉由創造優質產品實現人們豐富多彩生活」，作為指示我們要為了什麼存在的「使命」；揭櫫「成為最瞭解消費者和顧客的企業」，作為指示我們要前往什麼地方的「願景」；揭櫫「創造優質產品、不斷創新和道德規範」，作為指示我們重視的「基本價值」；揭櫫「以消費者、現場為本，尊重個體和團隊合作，具備國際觀」，作為指示我們要如何行動的「行為原則」。員工需要分享這些內容，作為審視工作意義和課題的依據。

最重要的是，從創辦人長瀨富郎於一八九〇年（明治二十三年）開設公司以來，他所確立「藉由創造優質產品實現人們豐富多彩生活」的使命，維繫花王一百三十年來的歷史。

Bio IOS的開發也一樣。開發人員坂井先生表示，「就因為花王的企業文化是藉由創造優質產品，為實現人民豐富多彩的生活文化有所貢獻，這項計畫才能通過」。

坂井先生也一樣。他身為界面活性劑的專家，「從年輕時就夢想著要憑一己之力，讓全球愛用的界面活性劑問世」，追求展望此夢想的生活方式。

POLA創業的原點是創辦人暨化學家鈴木忍有一天看到妻子龜裂的手，憑著自學調製護手霜送給她。對妻子的愛是一切的起點，結果乳霜廣受歡迎。一九二九年（昭和四年）開始販售，當時購買需按重量分配，只販售消費者所需分量並親手送交，以便一視同仁提供給更多想要的人。爾後，這則創辦的軼聞就在員工間持續傳述下去。

POLA現在也繼承以愛為起點的DNA，用「Science. Art. Love.」這三個詞彙代表自家公司獨特的存在價值。

Science代表要將「以科學為後盾的最尖端商品」送到社會上，Art代表「藉由手工產生感動的技術」、「堅持以人類的巧手創造美麗」、「親手獻出的心意」和「肌膚接觸的保養技巧」，而Love則代表「從創辦以來持續尊重每一個人，建立充滿愛的關係」。

果斷決定開發WRINKLE SHOT的末延女士也是貫徹自己生活方式的人。她以「想要參與製造直接送到使用者手上的消費品」為由，拒絕已經確定的應畢生職缺，敲響POLA大門，抗議每換一個上司就會在短時間內改變主題，再以「想要親身挑戰新事物，而非單純做完既定的工作」為由提出調職申請，對於自己的生活方式抱持強烈的價值觀。

企業也好，人類這個經營主體也好，不僅是單純的「存在」，還是面向未來並不斷產生意義和價值的「生成」。或許也可以說，「生成」的歷程當中會展現企業的存在意義與人類的生存方式。

展望未來，將「生成歷程」化為策略，展現出的就必然是敘事策略。

經營講座④ 以靜態為前提的分析策略，以動態為前提的敘事策略

分析策略和敘事策略的第二個不同，就在於分析策略以環境中的靜態為前提，而敘事策略則以動態為前提。

定位理論假設有一個「完全市場」能夠滿足以下條件：所有市場參與者都擁有完整的資訊，足以預測競爭對手的構想，並可以自由參與和退出市場。另外，這也是以市場均衡理論為依歸，假如所有市場參與者都公平競爭（完全市場當中的完全競爭），從結果來看參與者的利益就會達到均衡，任何人都無法獲得超額的利潤。

波特將這個理論逆向操作，假如完全競爭讓利益達到均衡，難以比其他公司更獲利，就要反過來故意製造不完全競爭狀態，就可以獲得比其他參與者更多的利

益。而要衡量和建構哪種策略，才能有效操縱市場結構，進入不完全競爭狀態，就是波特的競爭理論。

換句話說，就是基於完全市場這類不切實際的思考方式，並只侷限在靜態分析上。

然而，事實是各種現象互相糾葛，瞬息萬變。所有條件受到控制的情況在現實中並不存在，但這卻是制定分析策略的前提。而且，現在由於全球化和資訊化的進展，逐漸發展成VUCA世界，因此企業管理必須以複雜的動態世界為前提，其中細微的變化就會導致大幅的變動。

Bio IOS的開發也一樣，開啟專案之後的一段時間，永續性的概念在日本並沒有受到矚目。因此，公司內部冒出許多負面迴響，還有人要求中止開發。即使如此仍持續開發，結果二〇一五年寶僑提倡永續性界面活性劑的必要性，使得狀況大幅改變。公司內部贊同的聲音高漲，於是高層果斷決定展開商品開發。

WRINKLE SHOT的開發也一樣，開始之初，不能保證獲得厚生勞動省的批准。

即使如此，還是在著手開發的七年後申請批准，但在四年後可望獲准上市時，發生佳麗寶化妝品集團販賣的醫藥美白化妝品引起的「白斑事件」，造成審議完全停擺的意外狀況。

因此，高層急著要看到成果：「不要當成醫藥部外品，改成化妝品怎麼樣？」然而即使看不到出口也不改變策略，「除了醫藥部外品，其他都不行」。最後終於獲得認可、批准，「耗時十五年開發」的敘事也喚起顧客的共感。

在無法控管的狀況下，會產生各種矛盾和衝突。所以必須將「此時此地」的矛盾和衝突視為二元動態，次次找出平衡點加以解決。不是透過單純的因果關係分析瞭解，從邏輯上求出解答，而是進入當時的脈絡當中，掌握本質，藉由跳躍性假設推導出超越邏輯而盡善盡美的解答，實踐之後再進行下一個步驟。這就是敘事策略。

分析策略的前提是在靜態狀況中「競爭求勝」，但是在VUCA世界中，以為自己贏了，卻在其他業界或其他意想不到的地方出現新的競爭對手，逆轉局勢，讓策略失去效力，也是理所當然的現象。敘事策略當中，要以動態的方式應對經常改變的狀況，因此策略不會結束，要持續不斷探究企業存在的意義。

經營講座⑤

邏輯性三段論法的分析策略，實踐性三段論法的敘事策略

第三個重點在於分析策略探究的是推導出的解答邏輯的正確性，敘事策略則是追求新知識的誕生。

分析策略主要使用邏輯性三段論法，順著「A＝B（普遍的概念）」→「B＝C（具體的事實）」→「所以A＝C（結論）」的邏輯，推導出邏輯上正確的解答。

相形之下，敘事策略則是使用實踐性三段論法，串起「目的

邏輯性三段論法和實踐性三段論法的不同

	邏輯性三段論法	實踐性三段論法
大前提	所有的人都會死	追求什麼目標（目的）
	↓	↓
小前提	蘇格拉底是人	實現目的需要什麼樣的手段（手段）
	↓	↓
結　論	所以蘇格拉底會死	如何行動（實踐）
	探究結論邏輯性的真偽 →缺乏知識的創造力與產能	結論要結合行動 →創造新知識

敘事策略和分析策略的不同

分析策略	敘事策略
・以「競爭求勝」為前提。	・以企業的存在意義為前提。
・以靜態狀態的環境為前提。	・以動態狀態的環境為前提。
・以邏輯性三段論法來思考。	・以實踐性三段論法來思考。
・過去和現在的延伸。	・以未來為起點開創未來。
・中央集權的官僚式管理。	・分散式領導管理。
・由邏輯和分析所組成。	・由情節和腳本所組成。

↓手段↓實踐」的流程產生新知識。也就是「追求什麼目標（目的）」↓「實現目的需要什麼樣的手段或方法（手段）」↓「使用此手段或方法付諸行動以實現目的（實踐）」。

換句話說，面對各種矛盾和對立關係時，要藉由實踐性三段論法推導出克服困難的解答，再進行下一步。

假如要以時間軸掌握這項概念，則說明如下：

分析策略屬於預測（forecasting）策略，從過去和現在給定的條件進行邏輯推論，探究解答在邏輯上的正確性。另一方面，敘事策略在設想時則是以未來為起點，從應當追求的未來藍圖回溯（backcasting），次次解讀現象背後的脈絡，掌握本質，進而以否定的角度重新探究過去和現在，設想「這樣行動後會變成這樣」，衡量現在該做的事情，接連創造敘事，克服矛盾和對立關係，再重複上述歷程。未來根植在過去和現在的矛盾之中，要克服矛盾才能創造未來。

想在敘事策略的實踐性三段論法當中描繪目標的未來藍圖，就需要懷著以共善為本的明確信念，徹底追求「做什麼事情是為什麼」的WHAT和WHY。同時為求實現目標的HOW，採取一切手段和方法。從此意義上可以說，敘事策略是藉由理想主義式的實用主義或理想主義式的現實主義，方能維繫。

在Bio IOS的開發中，假如以分析策略邏輯性三段論法衡量，就會認定以下的結論是正確答案：「該開發的衣料用洗劑，應當富有去汙力和其他消費者所需的功能。」→「永續性界面活性劑對於消費者的宣傳力很薄弱。」→「所以永續性界面活性劑不能成為開發的對象。」公司內部對於此開發冒出許多負面迴響，還有人要求中止的原因也在於此。

相形之下，開發人員則是以實踐性三段論法實行敘事策略，產生新知識。過程如下：「將來的價格會上漲好幾倍，導致平常洗衣服會有困難，必須避免這種情況發生。」→「要實現這幅未來藍圖，就需要發明新技術，使用碳原子數量十六至十八的剩餘油脂，也就是長期以來眾人認為不適合作為洗劑原料所製造的界面活性劑。」→「以往持續進行界面活性劑基礎研究的花王，為了實現這項技術而採取行動。」

WRINKLE SHOT的開發也一樣，假如以邏輯性三段論法衡量，就會認定以下的結論是正確答案：「不知能否成功的研究應該盡可能壓低風險。」→「全世界的研究人員正在對皺紋形成的機制進行基礎研究。」→「以既有研究當中有力的論文為基礎壓低風險」。周圍的資深開發負責人就是這麼建議末延女士。

相形之下，末延女士是以實踐性三段論法進行研究，這是史上第一次解開皺紋形成的機制，當作醫藥部外品送到社會上。過程如下：「為了可以抬頭挺胸說『能夠改善皺紋』，讓許多女性獲得幸福，要製造最有效的醫藥部外品。」→「既然要創造前所未有的商品，就要撇開既有想法從頭架構、研究此商品。」→「就算是既吃力不討好又身陷泥濘的工作也應該要腳踏實地做。」

第一章中，介紹了哲學家懷海德獨樹一格的哲學。世界是萬物相互關聯的「歷程」，是經常不斷變動的「事件連續體」。事件是「此時此地」當中人類與事物之間的關係，而世界就是此關係的連續體。

懷德海認為，世界萬物若要「形成發展」，就該著眼於事件形成消滅的歷程，而非實體本身。

敘事是「結合諸事件（events）編排情節（emplotting）的行為[21]」。因此，敘事策略也可以說是結合尚未具現化的多個事件，藉由編排情節展望未來，呈現從今以後將會發生的事件是什麼、為什麼發生及如何發生。

分析策略的目的是「競爭求勝」，無論勝負都會結束，而敘事策略的本質是創造未來，是持續不斷挑戰人類未來的開放式結局。

經營講座⑥ 中央集權官僚式管理的分析策略，分散式領導的敘事策略

第四個重點是採用分析策略的組織當中，高層和接受上意的企畫部門會根據市

21 節錄自野家啟一撰寫的《故事的哲學》（物語の哲学），二〇〇五年。

場分析的資料擬定策略計畫，由上而下要求現場執行，因此實行的是中央集權官僚組織式管理。

反觀推行敘事策略的組織當中，則需要該領域現場的智慧，也就是實踐性智慧，因此自律、自治的分散式組織管理更顯重要。

面對現場個別具體的微觀現實時，要以「什麼是好」的共善為價值標準，同時次次都要由內解讀背後的脈絡和關係，掌握本質，與宏觀的大局接軌，做出盡善盡美的判斷再執行。這就是典型的實踐性智慧。

就如第三章所言，VUCA世界的時代，若要在瞬息萬變而流動不定的市場當中發展事業，就需要藉由高速迴轉開創知識這項價值的泉源，運用靈活的構思能力、迅速的判斷力和行動力，打一場知識機動戰。

這場知識機動戰當中，要將企業的存在意義和願景付諸實踐，探究現場人才自己的生活方式，同時發揮分散式領導，一邊高速迴轉知識創造的循環，一邊配合每個時刻的脈絡做出盡善盡美的判斷，這種實踐性智慧無疑就是知識機動力。

敘事策略有一個很大的特徵，就是在第一線發揮分散式領導，提升知識機動力，實現全員經營。

在Bio IOS開發方面，打從商品開發之前，還不清楚Bio IOS的用途起，材料科學研究所和加工暨流程開發研究所就藉由矩陣管理，讓現場小組負責人的層級做決定，推動量產技術的共同開發。

即使看不到開發的終點，也藉由共享及共創其可能性，成功趕在二〇一九年永續發展目標受到關注時發售。

WRINKLE SHOT的開發也一樣。開發團隊花了十五年獲准上市，藉由整個公司對開發團隊的共感鏈實現全員經營，也就是分散式領導的終極形式。生產工廠要製造不用水的製劑極為困難，卻回應開發團隊的想法並克服障礙。後來甚至向開發團隊發送訊息表示「絕不讓產品缺貨」，不斷回應期望。

POLA公司方面，商品企畫、銷售、設計和宣傳的跨部門團隊也有了動作。身為「接下最後一棒的跑者」，秉持必須率先抵達終點的責任感，在一個半月內走遍日本全國一百五十個地方，不斷告訴日本全國四萬五千名銷售員開發的種種艱辛。職掌設計的人也透過設計，將長達十五年的奮鬥和榮耀，展現為「漫遊在黑暗宇宙中總算看到光明」的意象，並試圖傳達給顧客。

而最重要的是，最前線的銷售員也要與顧客面對面，為開發團隊的想法代言：「這項產品就是因為有了這些想法、以此方式開發而成，所以才可以說能改善皺紋。」這全員經營的一個典型範例。

敘事策略當中，假如團隊成員或員工對於該追求的未來藍圖共感，承諾達成策略，就會自動自發配合策略採取行動。換句話說，敘事策略會影響團隊成員或員工的內在動機。

就像這樣，敘事策略多半會在形成策略的同時，作用於團隊成員和員工，從能夠促進策略判斷或策略行動的意義上來看，策略形成和策略實踐是一體兩面的互補關係。以這種方式形成和實踐的策略無疑就是敘事策略。

經營講座⑦　組成敘事策略的情節和腳本

那麼敘事策略是如何形成的呢？

敘事策略要正視瞬息萬變的現實，次次克服「此時此地」的矛盾和對立關係，

敘事策略的情節與腳本

敘事的情節和腳本表裡如一，相輔相成

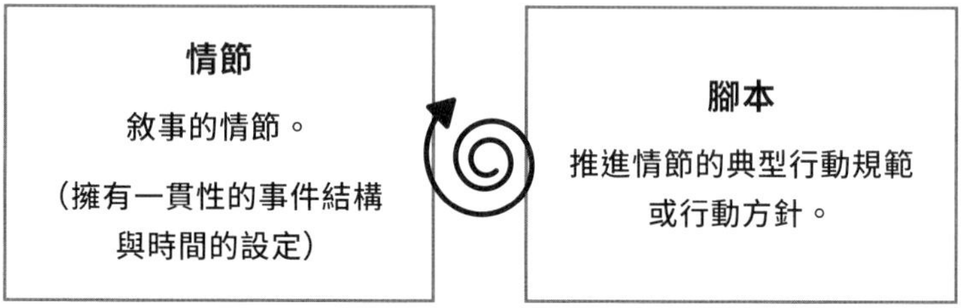

要是情節不引人入勝，腳本沒有直擊內心的詞句，就喚不起行動。

©Nonaka.I.

達成目的和目標，實現企業存在的意義和組織願景，同時讓參與策略者的生活方式達到更高層次水平。

敘事策略是由整體的情節和腳本這兩個要素組成及發展，以便實現其目的和目標。整體情節涉及到企業管理、致力經營的事業和專案，腳本則是團隊成員和員工為了實現情節如何判斷和採取的行動。

敘事是「結合諸事件編排情節的行為」，敘事策略的情節則會將多個事件牽繫起來，賦予一貫的意義，同時創造敘事。

企業管理、業務或專案當中的情

節多半屬於「傳奇劇」，主角群在前途未卜當中奮勇向前，克服苦難成長，解決問題，達成目的和目標。

又或者是「英雄故事」的走向，主角群為了完成某個目的或使命，前往未知的世界旅行，克服各種考驗，經由固定儀式成長，實現目的後就踏上歸途。

具體來說，情節就相當於經營計畫、事業計畫或專案計畫，描述「要做什麼事情，為什麼必須要做」，以企業的存在意義和組織願景為基礎。

為了讓經營計畫、事業計畫或專案計畫成為現實，就要次次克服矛盾和對立關係，將策略當成創造未來的方法論執行。這時就需要「如何做」的策略判斷和策略行動，而指示其判斷和行動規範的就是腳本。

腳本的英文script一般會翻譯成「腳本、臺本」。就如戲劇的主角按照場景和腳本表演一樣，script指的是基於累積的經驗和模式的認知，並在不知不覺中印在心靈和身體上的思考和行動相關規則。換句話說，在特定的脈絡或狀況當中，「遇到這種時候就要這樣做」的內隱知識行動規範。

在面對困難的課題時，腳本擁有格外重要的意義。

Bio IOS的研究開發中，情節是要避免將來洗劑的價格上漲，導致平常洗衣服會有困難。雖然因為難溶於水而不適合當作界面活性劑，但仍要以用途有限的剩餘資源製造界面活性劑，為資源不足的問題開闢解決的道路。

在艱難的Bio IOS研發中，可以看到花王展現獨到特質的地方，就是「中興之祖」丸田芳郎先生的一句話成為研究人員眼中的腳本，支持他們行動的後盾。

身為化學家的丸田先生，也兼具哲學家的一面，提倡「服務消費者」、「人人平等」和「智慧的凝聚」。當坂井先生猶豫該不該加快開發速度或碰到障礙時，丸田先生一句「戰鬥時要以科學化的資料為本，明白什麼是正確的」，就成了「一旦決定要做，就要回歸原點，直到發現正確答案為止」的行動規範。

坂井先生也時常意識到「藉由創造優質產品，為實現人們豐富多彩的生活有所貢獻」，這種創業的精神也以使命融入花王之路當中，也屬於腳本的範疇。

花王號稱「生物功能型組織」，就如人類身體的各個器官受到刺激就會立刻自動反應一樣，關於企業營運方面，員工從掌握狀況到決策的間隔也同樣短暫，需要靈活而敏捷地快速反應和快速行動，提升每個人的知識機動力。

材料科學研究所和加工暨流程開發研究所早在還不清楚Bio IOS用途的時候，就依據現場負責人的判斷，馬上展開量產技術的開發，前者的堀先生和後者的藤岡先生一起開跑，這正是生物功能型組織應有的狀態。

花王的案例顯示出，假如企業將偉大經營者的語錄、經營理念和獨到的組織營運觀念當成腳本埋藏在員工的心中，就可以克服困難，連不可能都化為可能。

經營講座⑧　領導者展示自己的腳本時就會建立「師徒關係」

另一方面，WRINKLE SHOT的案例則是開發團隊的負責人對成員出示自己的腳本。

這則案例的情節是無論風險多高，也要從頭解開皺紋形成的機制，找到有效成分，開發出最有效的醫藥部外品，獲准上市。讓POLA的任何人都可以抬頭挺胸地說「能夠改善皺紋」，讓許多女性獲得幸福。

這是既吃力不討好又困難的工作，遙遙無期的進度、層層阻擋的屏障和意料之外的障礙，公司內部屢次要求「中止」的聲浪……。為了要在許多困難蜂擁而來當中堅持推動研發，團隊領導者末延女士對成員指出「不惜花時間努力核對和驗證」、「防範所有想得到的風險」、「假如最後找到明確、令人信服的結論，就不要害怕風險，即使遭到反對也不妥協」和「堅持到底」的行動規範。

電影導演黑澤明有句名言是「像惡魔一樣細心，像天使一樣大膽」。要徹底而細心地核對、驗證及防範風險，假如找到結論，就毫不妥協地大膽實行，堅持到底。開發 WRINKLE SHOT 時的腳本就讓人想起這句話。

特別值得注意的是，團隊領導者末延女士，以自己的行動示範腳本、樹立榜樣。她不惜時間和努力，一旦決定要做就會壓制上頭中止的聲浪，堅持到底。團隊成員從這種態度當中獲益良多。

分析策略當中，現場會需要高層和企畫部門擬定計畫和實施對策，進而將工作內容編纂成手冊。但在敘事策略當中，每個成員則會配合文辭脈絡，次次做出盡善盡美的判斷再執行，這種實踐性智慧就不可能編纂成手冊。學習的方法只有透過共振、共感和共鳴與傑出的領導者締結關係，再以對方的的判斷能力和執行能力為榜樣，共同體驗，這時就需要新型態的「學徒制」。

末延女士所展現的腳本中，最令人印象深刻的就是「毅力」。

美國芝加哥大學（University of Chicago）詹姆斯・赫克曼（James Heckman）教授曾以人類嘗試工作時的決策和其他社會主題的研究，獲得諾貝爾經濟學獎。根據赫克曼等人的研究指出，人類的智力可分為以智力測驗評量的「認知能力」（cognitive skills）及與個人性格和資質相關的「非認知能力」（noncognitive skills）。而在這兩種類型的能力當中，又以非認知能力最為重要，涉及到認真度、積極性、堅韌度和忍耐力這些潛在的能力。

另外，正向心理學的創始人之一，美國密西根大學（University of Michigan）的克里斯多夫・彼得森（Christopher Peterson）教授，則是研究人類得以過著美好生活方式和從事充實活動的條件。他針對非認知能力列出以下七個項目，與人生滿意度和完成度的關係特別深厚：

- 毅力（grit）
- 自我控制（self-control）

- 熱忱（zest）
- 社會智能（social intelligence，瞭解人際關係的動力學，迅速適應不同社會狀況的能力）
- 感激（gratitude）
- 樂觀（optimism）
- 好奇心（curiosity）

〔節錄自《孩子如何成功：我們要如何教養孩子，才能讓孩子一生受益？》（*How Children Succeed*），保羅・塔夫（Paul Tough）著，二〇一七年。〕

這七個項目全都能套用在WRINKLE SHOT的開發團隊身上。根據赫克曼等人的研究指出，學習這種非認知能力需要透過老師這個榜樣的個別指導和建議，為其人格所感化，所以能透過「好習慣」的方法成長精進，也就是學徒制。

在美國，學徒制也正被重新評估。世界級管理顧問瑞姆・夏藍（Ram Charan）調查奇異（GE）、寶僑和其他優良企業如何培訓儲備幹部時，對方全都異口同聲說是「學徒制」（apprenticeship）模式。

夏藍將職涯發展比喻為同心圓，工作的領域和難易度會隨著向外移動而增加，上司給部屬的考驗要超過本人的能力。部屬進行實作，接受職場導師（上司）回饋的意見，藉由自我修正這種「刻意練習」，挑戰範圍更廣和更艱鉅的工作，擴大核心能力。這就叫做「同心圓學習」，是學徒制模式當中開發領導能力理想的方式。

WRINKLE SHOT開發團隊也一樣，領導者末延女士給予成員考驗，像是用短短五分鐘就從花了好幾天取得的實驗資料中挑出毛病。但若團隊成員埋頭研究，視野窄化，就須教導他們具備靈活的觀點，同時將「二軍團隊」變成「聚集優秀人才的地方」。

敘事策略當中，每當自己提出情節時，與團隊成員以共振、共感和共鳴締結關係的領導者，就要自己成為榜樣示範腳本，這樣就可以在推導出成果的同時，兼而培育成員的實踐性智慧。

經營講座⑨　為什麼不是「故事」而是「敘事」？

本章的最後要探討敘事策略當中，為什麼不用名詞形式的「故事」，而要使用動詞形式的「敘事」？

末延女士從頭開始進行研發，獲准以醫藥部外品名義販賣，這段歷程就叫做「故事」。反觀敘事策略用英文表示就會變成「narrative strategy」。換句話說，「故事」會用story表示，「敘事」則會用narrative表示。

知識創造理論會將「故事」和「敘事」分別看待。「故事」是諸事件的羅列和記述，「敘事」則是根據諸事件之間的相關關係來訴說。

例如，「國王死了，接著王妃生病，然後就死了。」，這是故事。而在敘事則會說，「國王死了。王妃與丈夫度過的每一天是她人生的意義。現在最愛的丈夫過世，她在悲傷當中失去活著的氣力，病臥在床，最後王妃去了丈夫正在等待她的天堂，就像是尋求永恆的愛一樣。」

一般來說，文章的長短雖然不同，但是兩者都稱為故事。為什麼故事和敘事要分別看待呢？這是因為敘事策略會在說出做什麼的同時，明確指出「為什麼那樣做」、「為什麼會那個樣子」和「為什麼那樣」，「為什麼」具備極為重要的意義。

這是因為「為什麼」才會展現當事人的主觀和直觀，「為什麼」是眾人共感的泉源，是敘事情節的軸心，也會建立眾人行動的腳本。

末延女士所說的「故事」中，包含團隊領導者和成員的主觀（想法）、價值觀及本質直觀，這無疑就是敘事策略。

那麼，為什麼要使用動詞形式的「敘事」呢？之前提過敘事策略當中，策略的形成和實踐表裡如一、相輔相成。

換句話說，領導者藉由提出情節甚至展示腳本，也就是藉由為策略「說故事」，克服瞬息萬變的現實中「此時此地」的矛盾和對立關係，促進成員的策略判斷和行動，成為實踐的後盾。敘事策略要有領袖「說故事」的行為方能成立。從這個意義上來說，假如使用故事這個詞來表示敘事，就會變成「story telling」。

分析策略會從市場分析的資料和數字推導出策略。藉由追溯「因為A所以B↓因為B所以C↓因為C所以D」的邏輯得出結論，所以會探究A、B、C和D各個事件之間邏輯因果關係的正確性，這是一個不將人類因素納入考慮的科學世界。

反觀在敘事策略當中，領導者會根據自己的主觀、價值觀和本質直觀，不斷在各個方面對成員進行「敘事」策略。那裡是以人類為中心的藝術世界。

當然，敘事策略在策略形成和實踐當中，也需要邏輯分析的觀點。例如在產品製程或商業化的階段，「要以低成本實現高品質並確保利潤，哪怕便宜一日圓也好」的情況下，也要重視以資料和數字為基礎的分析觀點。

藝術和科學不是兩者擇一的二元對立，而是互補及動態的二元動態關係，藉由藝術突破科學無法超越的壁壘，藉由科學求出單憑藝術無法得出的解答。

敘事策略是藝術與科學的綜合。科學上無論誰來思考都會得出同樣的解答，但在藝術上則是由領導者的構思能力分勝負。所以，領袖更需要共感、本質直觀和跳躍性假設的藝術之力。

第五章

共感型領導者必須具備「想像未來的能力」

經營講座① 敘事策略的領導者必須具備「想像未來的能力」

從序章到第四章為止，我們談到共感經營的理想型態及推動共感經營的敘事策略。

以共感為起點，從直觀事物本質的過程當中推導出「跳躍性假設」，產生創新。即使在這段歷程當中，共感也會介入各種局面，且共感的力量也會成為驅力和推動力，推動單憑邏輯推動不了的事情或達到單憑分析到達不了的目標。

共感經營以人與人之間的共感為本，但若對象是事物，事物藉由全心全力面對進入真實的世界，在物我合一的境界下徹底變成那個事物，將實體化為事件後，就會形成共感的世界。本田宗一郎看著摩托車的視線或隼鳥號的案例當中也顯示出這一點。

從直觀本質當中推導出來的跳躍性假設，追求的是與以往不同的新未來，與過去或現在不連續的未來。這些只有靠敘事策略方能實現。

如此一來，共感型領導者在推動共感經營、執行敘事策略時，所需要的素質就浮現出來了。那就是從過去、現在及未來的歷史洪流當中，以共感為原動力，展望未來和想像新歷史的能力。這種想像的能力是要置身在歷史當中，同時解讀背後的文辭脈絡，設想無法透過邏輯分析推導出來的新未來，也可稱之為「想像未來的能力」。

古今中外許多共感型的知名領導者擅於想像未來，以下會介紹在日本當中的典型案例。

經營講座② 向知名共感型經營者學習「想像未來的能力」

◎迅銷集團 董事長暨總裁柳井正

第一位是迅銷集團（Fast Retailing, FR）的董事長兼總裁柳井正。柳井先生從早稻田大學畢業後，在綜合超市JUSCO（現為永旺）工作了十個月左右之後，於一九七二年以接班人的身分進入父親創辦的小郡商事，開設男裝分店。接著就在二十歲後半受命經營，從事服裝產業。

柳井先生前往美國考察時，順便去了大學消費合作社。那裡商品齊全，採取自助服務方式，學生馬上就能取得想要的東西，引起柳井先生的注目。他感覺到「那家店既沒有拚命推銷的商業銅臭味，經營時也是站在買方的立場」，直觀到販賣休閒服原本應有的型態是「就像書店或唱片行一樣直接進去，找不到想要的東西就一走了之。以這樣的形式販賣休閒服不是會很有趣嗎？」[22]

換句話說，以往普遍認為自助服務的目的是降低賣方的成本，柳井先生則站在顧客的觀點，從共感顧客的過程當中直觀，為自助服務賦予新意義和新價值，推導出「滿足顧客要求的自助服務」才是理想做法的跳躍性假設，並展現出「自行取用」（help yourself）的概念。

接著在一九八四年，廣島市UNIQLO一號店開張，概念是「能像買週刊一樣輕鬆自助購買低價休閒服的店」和「營造顧客可以自由選擇的環境」。廣告標語「服裝、飾品和自由」當中蘊含了柳井先生的基本思想。

UNIQLO一號店當中，店內的通道筆直又寬廣，天花板挑高直接露出混凝土主體以擴大空間，商品總是排列得井井有條並適時補充，銷售員會問候、打招呼，但不會接待顧客，只有當顧客詢問或拜託時才做出適當的回應。另外，銷售員會穿著圍裙方便工作，任誰看了都能輕鬆辨別。

透過既有的時尚專賣店完全沒有的要素，堅守「站在買方立場開店」的觀點，貫徹「想買東西的商店」＝「暢銷商店」的看法。

而且，經手的商品也脫離時尚至上原則和追隨潮流，將重點放在任誰都可以隨時隨地自由穿著的基本商品上，顧客對象無關年齡、兩性共享、男女不分。這正是休閒服販賣的創新。

只要像這樣追溯UNIQLO誕生的經過，就會發現這家店始於對顧客的共感，經由本質直觀，透過「滿足顧客要求的自助服務」的跳躍性假設，產生「能像買週刊一樣輕鬆自助購買低價休閒服的店」和「營造顧客可以自由選擇的環境」的概念，替服裝產業開創新未來。

UNIQLO誕生的經過顯示，這家店是由柳井先生想像未來的能力而生，推動的是敘事策略而非分析策略。

22 節錄自柳井正撰寫的《一勝九敗》（一勝九敗），二〇一八年。

當柳井先生的年紀已二字頭過了一半、受命經營小郡商事時，看著這家店依然如故的現狀、著手改革之際，那怕六名員工相繼辭職，只剩下一個人，改革的腳步也沒有慢下來，為迅銷集團奠定基礎。

另外，柳井先生自三十歲、受命經營的幾年後，也著手建立敘事策略必不可少的「經營理念」，以便明確提出企業的存在意義和徵求的人才形象，讓人知道自己「想要經營什麼樣的公司」、「想要與什麼樣的人一起工作」。

「第一條　經營要回應顧客需求、創造顧客」、「第二條　經營要實行優質的創意、撼動世界、改革與貢獻社會」，最初像這樣的經營理念有七條，後來陸續追加，到了UNIQLO一號店開張時就變成十七條，現在則是二十三條。

柳井先生把美國跨國企業前經理人哈洛・季寧（Harold Geneen）的管理回憶錄《職業經理人》（*Professional Manager*）奉為「最佳教科書」，一邊畫線一邊重讀，直到封面破破爛爛為止。其中最受影響的是以下這段「逆推經營理論」・「閱讀書本時會從頭看到尾，商業經營則正好相反。要從尾開始，再盡一切力量到達那裡。」

首先要設定目標，決定該從哪裡追溯到什麼地方，再穩健執行。逆推經營理論就是實踐性三段論法本身。UNIQLO誕生自柳井的生活方式和敘事策略，他貫徹自己相信的「正確」做法，將敘事策略根植在迅銷集團應有的存在意義當中。

這種敘事策略當中，「營造顧客可以自由選擇的環境」的基本概念本身就直接表明情節。迅銷集團的經營理念也為實現這項情節的員工提供腳本。

像是「經營要以商品和賣場為中心，徹底認知到商品和賣場是唯一與顧客直接交集的事物」、「藉由經營讓全體成員共享具有一貫性的長期願景，確實執行正確、微小和基本的事情，循著正確的方向耐心努力到最後」、「藉由經營讓每個員工自食其力、自我反省，靈活的組織當中最重視每個人的尊重和團隊合作」等。

在這個腳本當中，柳井先生會特別要求每個員工懷有「我是經營者」的意識。這是全員經營理想的型態，每個人都以獨立自主的方式努力工作。

柳井先生的敘事策略當中值得注意的是，隨著公司的發展，就要以基本情節為基礎，將情節進化到更高的層次。

迅銷集團身為日本典型的服裝企業，進軍國外，成為國際性的大企業。這家公司制定「迅銷集團企業理念」為整個團體的企業理念，並以「改變服裝、改變常識、改變世界」的組織願景為核心聲明。

柳井先生認真思考，只要迅銷集團能夠製造出「真正優質的服裝」和「擁有前所未有且嶄新價值觀的服裝」，將這些提供給世界各地的所有人，盡量讓大家的日常生活更加愉快和美好，就可以將世界轉變到更好的方向。為了實現這項組織願景，就要以「世界第一的服裝企業」的情節為目標。

隨著情節的進化，腳本也要強調以世界第一為目標的意識：「假如世界各地的所有員工都具有經營者精神，實現最佳管理、最佳商品和服務及最佳的門市營運，就可以成為世界第一的服裝製造零售業。」再創造「全球一體，全員經營」的標語。

柳井式管理的基本原則是「無論目標多高也要思考『辦得到的理由』，而非『辦不到的理由』，再穩健執行。」尤其是在商店現場的店長。柳井先生表示：「除了邏輯分析的科學能力之外，還需同時具備以直觀和體驗的方式掌握皮膚需求的藝術能力。」

迅銷集團也可以說是日本典型的敘事策略公司。

◎ 7-ELEVEN JAPAN 鈴木敏文前董事長兼執行長

迅銷集團從零售商踏入製造領域，開發和販賣自己公司的獨家商品，業務型態屬於製造零售業（speciality retailer of private label apparel, SPA），從製造到零售始終親力親為。而這套模型的形成源自於7-ELEVEN獨家商品的開發。

7-ELEVEN是日本最早導入製造零售業概念的公司，總部的商品開發部門會跟供應商組成團隊，開發以快餐類為主的獨家商品。

這項概念始於7-ELEVEN草創期，公司創辦人鈴木敏文前董事長兼執行長（現為SEVEN & i控股公司名譽顧問），判斷市場需要便當、飯糰和其他日式快餐。

7-ELEVEN公司也是從創辦至今都在執行敘事策略的企業，鈴木先生更是典型的共感型領導者，具有優秀想像未來的能力。

讓我們簡單回顧一下7-ELEVEN創辦的經過。

進入一九六〇年代後半之後，每逢超市開設新分店，地方商店街就會發起反對運動，擔任伊藤洋華堂（Ito Yokado）的鈴木董事也成為談判的眾矢之的。關於商店街的衰退，任誰都會套用高度成長期「以大勝小」的邏輯和經驗法則，認為這是大型店進軍市場所致。從分析的角度衡量，就不會想到除此之外的原因。

另一方面，鈴木先生在伊藤洋華堂的人事部門工作，又以促銷負責人的身分站在商店裡，親身感受市場的變化是「從今以後，陳列便宜商品就必定賣得掉的時代不再了」。關於小型店凋零的原因，鈴木先生沒有從外部旁觀，而是進入文辭脈絡，從內部瞭解到「凋零的根本原因不是大型店進軍市場，而是勞動產能與商品價值低落」，推導出以下的跳躍性假設：「假如提升這兩者就可以經營下去，反而能與大型店共存共榮」，遂開始探索這種方法。

後來，鈴木先生到美國出差時，碰巧在路邊的7-ELEVEN休息。回到日本之後，他才知道負責7-ELEVEN經營的南方公司（Southland）在全美已擴展至四千家連鎖店，是極為優良的企業。鈴木先生看出這項技術是小型店和大型店共存共榮的關鍵，所以果斷決定在日本創辦「7-ELEVEN」。

一九七三年，就在業界關係人士、學者和公司內部幹部異口同聲冒出否定論調當中，在公司內部設立「7-ELEVEN JAPAN」。翌（一九七四）年，一號店開張。雖然公司成立之初是站在大型店董事的立場，但並不是冷眼旁觀小型店的衰退，而是以共感為起點，思考「該怎麼讓小型店經營下去，與大型店共存共榮」。鈴木先生以想像未來的能力為後盾，開創小型店的新未來，這就是敘事策略本身。

這個時候，敘事的情節是「建立日本第一家正規的便利商店連鎖店，證明小型店也可以與大型店共存共榮」，另外，腳本應該是以南方公司擁有的經營技術為基礎。

但是，由於是在高度不確定性和前途茫茫中創業，日後若面對意料之外的狀況，情節和腳本也必須隨時修改。

經過艱辛的談判，美方公開經營技術，但就像門市營運的入門書一樣，淨是些給初學者看的內容，沒有適用於日本的經營技術。

伊藤洋華堂不讓員工投入遭到反對的事業，透過報紙廣告招募和錄用的員工又幾乎都沒有零售業的經驗，所以情節要加上「外行人靠自己從頭建立日本第一家正規的便利商店連鎖店」。

同時，就在員工墨守依然如故的商業慣例和業界常規的過程中，制定一項行動規範：「假如沒有辦法實現目標，就自己想方法開闢道路；假如沒有湊齊必要的條件，就改變條件本身。」

這是一號店開業兩年後，門市總數達到一百家時發生的事。當時鈴木先生在飯店舉行的記念儀式上致辭，想起以前苦難的日子感概至極，就哽咽難言而流下淚來。維繫這些苦難日子的是自己想像未來的能力。除了此時，鈴木先生從未為了工作流淚。

7-ELEVEN草創初期，敘事策略主角是總部的員工，他們改變流通和物流的機制，奠定連鎖店發展的基礎。接著在一九八〇年代，從草創期進入成長期，鈴木先生為所有門市導入日本第一套正規的銷售時點情報系統，整頓門市營運的資訊系統後，7-ELEVEN的敘事策略情節和腳本便迎向新階段。

每個門市會從明天的天候、溫度、當地的預定活動及其他各種前導資訊解讀顧客的心理，從顧客的立場思考，並在與顧客共感的同時，為每個單品建立明日暢銷商品的假設並下單，再以銷售時點情報系統驗證結果。雖說是單品管理，卻要反覆假設和驗證，將缺貨造成的機會損失和剩貨造成的報廢損失降到最低。鈴木先生將這種做法稱為單品管理，從各個門市的店長到打工兼職人員都要徹底執行。

這不是分析銷售商品的過往表現再下單的分析式下單，而是以共感顧客為基礎，以明日的顧客需求為起點，判斷今日下單商品的敘事策略式下單。由各個門市的店長和打工兼職人員扮演主要的角色。

藉由徹底實施單品管理，各個門市「根據顧客的需求提供顧客想要的產品，盡可能多地滿足顧客的需求」就變成每天敘事的情節，「常常站在顧客的立場，以未來為起點思考，不斷假設和驗證」則會變成店長和打工兼職人員的腳本。據說7-ELEVEN藉由這段情節和腳本，做到「只要在7-ELEVEN兼過差，就連學生都可以在三個月後開始談論企業管理。」

這段情節和腳本不僅適用於門市營運，而且也適用於總部的商品開發和7-ELEVEN的一切管理上，並能維繫後續的成長和發展。

7-ELEVEN的成長到了二〇〇〇年代中期才趨於平緩。在便利商店業界中，既有門市的銷售額連年低於去年，不僅媒體宣揚「市場飽和說」，就連其他同行公司的高層都這樣認為。假如只從數值資料的分析來看，或許就會看到這個結果。

相形之下，鈴木先生設想時總是以未來為起點，常常站在顧客的立場思考，具備由內看市場的視點。他不斷主張，只要因應市場的變化，市場就不可能飽和。

為了因應少子高齡化和女性就業率增加的市場變化，開創便利商店嶄新的未來藍圖，就要在維持以下基本原則的同時修正情節：「唯有在顧客需要時，顧客主動要求，才會提供顧客需要的商品。」

二〇〇九年秋天，7-ELEVEN以這個時代需要的「又近又方便」為概念，開始大幅重新評估門市的商品陣容。雖然過去是以便當、飯糰和其他速食性高的商品為主力，現在則全力規畫配菜菜單，以銀髮族家庭和擁有工作的女性為對象，將劇情改寫成：「就算不去稍微遠一點的超級市場購物，也可以在離家近的便利商店購買，提供解決做飯的辛勞和繁瑣的方案。」

便利商店要從「開放時間」的便利性轉型為餐飲解決方案。鈴木先生想像未來的能力推導出來的跳躍性假設精準命中，既有門市的銷售額轉而上升。爾後，原本宣揚市場飽和的其他同行公司，也追隨相同的路線。

此外，在餐飲解決方案當中扮演重要角色的，是SEVEN & i集團的自有品牌商品「Seven Premium」。

開發自有品牌的起因，是由於東北和北關東地區擴展超級市場的集團企業York-Benimaru，提議開發自有品牌商品，以便與競爭對手對抗。

流通的自有品牌商品以往的市場定位為「價格比廠商的全國性品牌（NB）還低」，但是鈴木先生以未來為起點，站在顧客的立場思考，則認為「要徹底追求品質，而非優先考慮低價」。他壓制公司內部的反對意見，指示：「不管是集團內的哪種品項，都要盡量以和全國性品牌相同的價格販賣。只要顧客認同是有價值的商品，無論是哪種型態都會購買。」

結果，二〇〇七年發售的Seven Premium大為暢銷，二〇一八年度總銷售額更達到一兆四千億日圓。

假如追溯迅銷集團和7-ELEVEN從創辦到現在的過程，就會發現敘事策略當中的情節和腳本未必恆定，會依照當時的狀況變化和進步。

世界級的國際政治學家，同時也任職於倫敦大學（University of London）的勞倫斯・佛里德曼（Lawrence Freedman），著有《戰略大歷史：戰略是人類永恆的遊戲規則，懂戰略，你就能理解世界、定位他人，掌握自己的優勢》（*Strategy: A History*）。書中主張，所謂的策略，就是如肥皂劇（soap opera）[23]般的敘事。

肥皂劇會隨著節目的進行頻繁替換登場人物，情節也會大幅變化。架構與戲劇和電影不同，不以達成某個定調的收尾為前提，所以結局是不確定的。

管理的不確定性和動態特性本質上就跟肥皂劇相同。執行策略的過程當中，狀況會在何時、何地如何改變並不明確，必須應對不斷變化的狀況。

企業管理正是「此時此地」的累積，既沒有定調的收尾，結局也不確定。正因為敘事策略也稱得上是開放式結局連續劇，才能有效在不確實和無法預測的環境中進行企業革新，實現成長。定位理論是操控狀況的方法，無法應對快速變化。

另外，由於勞動力短缺，便利商店業界現在人手不足，因此開始重新評估二十四小時營業的必要性，媒體則傳出「二十四小時模式極限說」。鈴木先生將二十四小時營業當成以顧客心理為本的經營模式推動，舉凡「門市隨時去都會開放的安心感」到顧客的忠誠度（想要持續利用的程度）都會提升。鈴木先生於二〇一六年卸任。現在的經營團隊能否刻畫便利商店的新情節，就要考驗他們想像未來的能力了。

◎富士底片（Fujifilm）股份有限公司 古森重隆董事長兼執行長

美國的柯達（Kodak）和富士底片曾經爭奪世界攝影底片市場的龍頭寶座。儘管同樣面對市場突然萎縮而導致主業消失的危機，其中一方採取美式的分析策略，另一方則正好相反，採取敘事策略。

柯達想法傾向於以股東利益為優先的短期股東權益報酬率（return on equity, ROE），憑過去的智慧財產（專利）賺錢，選擇以法律爭鋒的防禦策略。這是以市場結構分析為本的分析策略。雖然創新需要類比技術，不過柯達撇開製造，類比技術弱化，對數位化的變化反應慢半拍，所以於二〇一二年破產。

23 在日本，以主婦為主要客群的晨間連續劇，劇中發生的故事通常為日常所見所聞，但更為戲劇化。

相形之下，富士底片則採取了敘事策略，將自身的存在意義「我們該怎麼做」化為敘事，同時開闢新的道路，再次搭上成長的軌道。而主導這件事的是古森重隆董事長兼執行長。

古森先生於二〇〇〇年擔任總裁，攝影業務是富士底片銷售額的六成，占利潤的三分之二。這一年，世界的攝影底片市場達到高峰，爾後，數字化浪潮席捲而來，需求以每年百分之二十至三十的態勢暴跌，面臨市場消滅的空前危機。

古森先生於二〇〇三年擔任執行長，並擁有管理的最高權力。當時他浮現一個念頭是，全世界超過七萬名員工及其家人的生活會因「接下來公司會變得怎樣？」而感到憂慮不安。

這時古森先生站在十字路口上。假如只是要為公司延命，就該陸續剪除虧本的業務。然而，古森先生完全沒有這樣選擇，對於主業瀕臨消失的公司，他建立與柯達正好相反的跳躍性假設：「讓富士底片以龍頭企業之姿長存於整個二十一世紀。」這是古森先生與懷有不安員工的共感當中，看穿富士底片這家公司的本質，是以世界龍頭企業之姿維繫攝影文化，再從想像未來的能力推導而成。

二〇〇四年，在迎向創辦七十五週年的二〇〇九年中期管理計畫「VISION 75」當中，古森先生提出「徹底的結構改革」、「嶄新的成長策略」和「集團經營的強化」這三個基本方針。為求實現這些方針，他強調「增進員工的動力和活力」必不可少，對員工發出以下的「呼籲」，敦促他們奮發向上：

「假如將現況比喻為豐田，就像是沒了汽車一樣。假如比喻為新日鐵，就像是沒了鐵一樣。現在對攝影底片的需求不斷消失，我們正面臨這樣的情況。但是，這種情況必須要正面解決。」[24]

富士底片復興的敘事策略發展如下：

古森先生告訴員工，假如將自家公司仰仗的技術和研究成果結合，再次活用累積的知識和智慧，匯集全體員工的聰明才智開創新產品和新服務，就可以描繪出嶄新的成長策略。

即使在其他同行公司因為分析策略而宣布完全退出底片業務，也認為需「展現

24 節錄自《經營的靈魂》（魂の経営），二〇一三年。

人類所有歡樂、悲傷、愛與感動的照片，對於人類來說是必不可少的」，聲明「保護和培育攝影文化是敝公司的使命」。以往公司在影片領域中的理想形象，再加以擴展和重新定義為「為了更加提升眾人的生活品質而做出貢獻」，並藉由數位化開拓新事業，揭櫫「二次創業」這個標語喚起共感。

這個想像未來的策略敘事是傳奇劇的情節，主角群超越苦難成長，開闢新天地，解決諸多問題達成目標，企圖收復失地。

另外，古森先生以實踐他那獨到的「商業五體論」而聞名。這種管理理論認為工作的成果是當事人人格魅力的總和，要調動五體的一切，包括建立策略的頭腦、掌握本質的五種感官、腰腿起而行的強度、立定滿腹的決心等方法。其中，他最重視的是心胸，也就是對別人共感和接納對方的心。然後，要在現場運用直觀掌握本質，追求實踐，而非紙上談兵，這種方法就稱為「肌肉智力」。

此外，雖然管理上常用PDCA循環，但是第三章也談到，PDCA不適合執行敘事策略用的知識機動戰。古森先生為了讓每個第一線員工自動找到P（計畫），就安排See（觀看）和Think（思考）的步驟，當作P的準備階段，提出「See-Think-PD」循環。

換句話說，與其針對客體並從外部分析，倒不如直接對客體共感，進入相同脈絡，並以五種感官感知，將現實視為真實，詢問WHAT和WHY，看透本質。

古森管理學的精髓，就在於針對「二次創業」提出富士底片敘事策略當中的腳本。

這裡要提供兩個作者採訪過藉由劇情和腳本解決具體問題的案例。

在日本，富士底片的拍立得相機「Instax」俗稱「Cheki」，於一九九八年發售，廣受高中女生的歡迎，並在二〇〇二年創下年銷售量一百萬臺的記錄。不過，隨著配備照相、攝影的手機普及，銷售量急遽下滑，二〇〇四～二〇〇六年淪落到十～十二萬臺。如果是分析經營，想必會退出市場。

差不多在此同時，底片業務也不得不縮小規模，但是就如前面提到的一樣，富士底片發出宣言，表示「即使在逆風下，保護和培育攝影文化也是我們的使命」。這份堅持招來了順風。二〇〇七年，Cheki在韓國的電視愛情劇登場，中國則有位知名模特兒在部落格上介紹Cheki，導致人氣急遽上升，恢復銷售生機。

Cheki的銷售量直線成長，二〇〇七年賣出二〇萬臺、二〇〇八年為二十五萬臺、二〇〇九年為四十九萬臺、二〇一〇年為八十七萬臺、二〇一一年為一二七萬臺。由於再次爆紅的方向變得明確，所以由年輕人為主的行銷團隊開始活動，致力為Cheki發展新局面。

即使在Cheki的業務低迷時，也會堅持跟顧客一起秉持「保護和培育攝影文化」的態度，招來使用者的支持，開始重新嶄露頭角，出現在韓劇上就是一個例子。這段歷程正好讓人想起傳奇劇的敘事策略。

這套敘事策略當中，員工的腳本是古森先生提倡的商業五體論及See-Think-PD的管理循環。

使用者以十～二十幾歲的女性占了大半，要徹底掌握這些人的動向。逐一閱讀使用者撰寫的社群網站，與使用者見面傾聽對方的聲音。行銷團隊在現場驅策五種感官，以重視See和Think的腳本為本採取行動，試圖站在顧客的觀點找出再次爆紅的意義。

用Cheki拍攝的照片無法編輯和複製，獨一無二，讓數位世代感受到新鮮的價值，當場將照片送給對方十分討人歡心。即使要把照片上傳至社群網站，也可以用智慧型手機拍下Cheki拍攝的照片再發布，也能吸引很多人按「讚」。

做了使用者調查也發現，將使用者聚集在一起之後，儘管初次謀面的人不能單憑自我介紹產生對話，但若將Cheki往那裡一放，說：「請各位以兩人為一組用用看。」這些人就會互相拍照或雙人自拍。十分鐘之後，大家就變成朋友了。

數位世代將Cheki當作形成共感的溝通工具。掌握Cheki本質價值的團隊，並不是販賣相機這個實體，而是全力提供體驗的「體驗式提案」，讓顧客知道該怎麼使用才能享受樂趣。

這與公司重新定義的理想形象：「為了更加提升眾人的生活品質而做出貢獻」、朝「二次創業」的理想方式相吻合。所以，Cheki的業務就明確定位在富士底片的敘事策略中。

Cheki販賣持續成長，二〇一八年達到一〇〇二萬架，逐漸成長為能在全世界販賣的全球性商品。

富士底片籌畫VISION75之後，花費一年半的時間進行「技術（seeds）盤點」，摸索新事業。開發功能性化妝品「艾詩緹」（ASTALIFT）就是以此為基礎，首次挑戰加入化妝品業界。這也是再次活用自家公司高超的技術能力和累積的知識開拓新事業的典型情節，是古森管理學成為團隊成員腳本的例子。

開發負責人應用奈米科技、膠原蛋白加工技術和抗氧化技術等照相底片最尖端技術，成功實現前所未有的化妝品功能。他拿著試作品跑出研究所趕往現場去，與顧客、美容專家和門市銷售員見面。因為從他人立場，實在是看不出富士底片製造的化妝品，對顧客來說具備什麼意義。

「為什麼富士底片要製造化妝品？」一開始顧客也感到困惑。所以開發負責人做了簡單的實驗示範，同時拚命解釋「其實富士底片可以做到這種事」、「我們是基於這種想法而做到這種事」。然後，顧客就陸續浮現信服的表情：「原來如此，就因為是富士底片所以才做得到。」

富士底片擅於提升功能價值，藉由在現場與顧客面對面See-Think，得知顧客覺得這份功能價值是富士底片獨有的感性價值，再確認他們的立場。

銷售於二〇〇六年秋天開跑。以化妝品為中的生命科學業務，在二〇二〇年度就成長到目標五〇〇〇億日圓規模的銷售額，成為象徵「二次創業」的業務。

古森先生將「浪漫和若干的冒險精神」作為後古森時代的條件。這種「浪漫」指的應該是想要開創這種企業的理想形象。為了實現這項目標，就要不怕踏入未知世界的「冒險精神」。古森先生希望繼任者也擁有想像未來的能力和以此為基礎的敘事策略。

經營講座③「藉由共感所產生團結感的力量」最具影響力

想像未來的能力是領導者顧全大局的宏觀視野，同時探究基於共善企業存在的意義，釐清自己想要做什麼的生活目標，從許多錯綜複雜的微觀現象中，選擇將需要的事物結為一體，設想憑藉邏輯達不到的未來，也就是不連續的未來，刻畫展望未來的敘事。

超越邏輯設想嶄新未來的原動力，無疑就是共感。

古今中外的歷史中，英國第二次世界大戰時的首相溫斯頓・邱吉爾（Winston Churchill），就稱得上是想像未來能力優異的領袖典範。原本的政權面對連戰連勝勢如破竹的納粹德國，試圖採取綏靖政策。希特勒（Adolf Hitler）的提案是「歐洲大陸將會納入納粹的統治下，但會保證英國的獨立」，這對英國來說是合理的條件。

相形之下，邱吉爾則描繪出以下的未來藍圖，勇於跟德國戰鬥到底，即「英國從今以後也必須繼續擔任自由和民主主義的守護神。」這份原動力來自邱吉爾經常前往百姓生活的地方，對於國民的共感。

號稱日本「經營之神」的松下幸之助，他的「水道哲學」也是如此。這套哲學是製造電器產品時要像自來水一樣，能以便宜的價格提供。因為幸之助的童年時代苦於赤貧，假如能夠實現這幅未來藍圖，既可以為眾人的人生帶來幸福，也可以「將這個社會建設成極樂淨土」。於是他以此共感為本，發揮想像未來的能力。

迅銷集團的柳井先生從對於顧客的共感設想服裝店的新未來，「營造顧客可以自由選擇的環境」，而當顧客擴張到世界之後，就描繪出「改變服裝、改變常識、改變世界」的願景。

7-ELEVEN的鈴木先生站在衰退小型店的立場，從「證明小型店也可以與大型店共存共榮」的未來藍圖出發，建立日本第一家正規的便利商店連鎖店。而當成長接近遲緩後，就從共感少子高齡化增加的銀髮族家庭和就業女性出發，設想「提供解決方案」的便利商店新模式。

富士底片的古森先生對於主業消失的空前危機感到不安，為了將員工動搖的心思凝聚，促使他們奮發向上，因而提出公司的身分認同是展望未來，也就是「以龍頭企業之姿長存於整個二十一世紀」，揭櫫「二次創業」的標語，喚起共感。

對於本書中登場的領導者和創新者而言也是如此。開發Note e-POWER的技術人員設身處地為顧客駕駛的心情著想，開創「跑感的樂趣」和「單踏板駕駛」馬達驅動的新概念，而非油耗和環保性能這些既有概念的延伸。為了實現這個目標，特別看重融合藝術與科學的腳本，「將試乘後的乘坐感與資料比對、討論及規格化」。

提出Goodjoba一案的關根先生對飼育員的工作方式共感，堅定振興讀賣樂園的心志。剛開始他要求工作人員「絞盡腦汁」，對於這種「人才養成」共感的工作人員，則會主動磨練辦活動的企畫能力，提高集客能力。

而在時機成熟後，關根先生站在顧客的觀點，而非遊樂園的觀點思考：「樂趣的本質不管是娛樂還是手作製造都一樣，其中充滿著人類的智慧」、「假如以手作製造為主題，維繫日本製造業的這一輩人就可以與孫兒輩一起談心」，描繪出讀賣樂園的未來藍圖是「結合遊樂和學習」。

為了實現這項目標，關根先生和部屬曾原先生持續觀摩工廠，親自做榜樣示範肌肉智力的腳本，在現場運用直觀掌握本質，而非紙上談兵。

SKYACTIV 引擎的開發者人見先生，他的出發點也是希望為不久的將來還需要內燃機的人們，尤其是新興國家的人民，提供油耗和環保性能優異的引擎。

設想引擎「終極理想形象」的未來藍圖，釐清貼近形象的控制因子，再將前進的道路化為有形的技術路線，就是敘事策略的情節本身。而第一個挑戰便是設想誘發引擎未知的可能性，達到超越常識的「世界第一高壓縮比」。接著他不斷提倡此腳本：「就算不是一帆風順，做起來很費勁，但也要為顧客做正確的事。」

NTT Docomo 的農業女子讓對方敞開心房，與顧客、結盟企業和地方政府建立「美好的關係」，是典型的共感經營。這種營業方式強調展望未來的「共創夢想」。所以，就連在與對方交談中，也要將「好」的三段活用當成自己的腳本，藉由「好厲害」、「好出色」和「好喜歡」這些正面的話語，坦然表達自己的感受。

日本環境設計的岩元先生為了地球上的人們，從實現「沒有戰爭的社會」這個想法出發，想像未來只會使用「地上資源」、追求「一滴石油也不用的社會」。支持這項活動的是人們對這幅未來藍圖的共感。而若想誘發出這種支持，就要為自己安排腳本，將娛樂元素融入活動當中。

一般而言，一個人對他人發揮控制力和影響力時的權力基礎如下：

- 法制權：源於組織正式賦予的權限。
- 獎賞權：源於給予報酬的能力。
- 強制權：源於能夠處罰的能力。
- 專家權：源於專業知識。
- 參照權：源於共感所造成的團結感。

其中擴及範圍最廣泛的權力是參照權，也正是這本書中登場的主角和領導者的領導能力基礎。

當一個人共感對方並抱持團結感時，對方的目標就會與自己的目標同化，獲得強烈想達成的欲望，同時產生自發性的自我控制。而且，既然是藉由參照權自我控制，因此任誰都不會覺得受制於人。這是組織當中御人之術的一個理想形式。

這會讓人想起社群式組織。共感型領導者和創新者富有想像未來的能力，周圍會共享「什麼是好」的共善，形成以共感締結的共同體場域。共同體場域超越「管理─被管理」和「賣方─顧客」的非對稱性，人人都具備高度的當事人意識，發揮實踐性智慧，加速創造未來。實務上已有人證實，成員彼此之間發揮強烈控制力的集團，產能也會提高。

創造這種良性循環能力，執行以共感為本的敘事策略，是組織強大的優勢與力量。

經營講座④ 共感經營打破日本企業的困境

一切始於接觸和共感。在一個感性價值比功能價值更能喚起眾人共感的時代，福祉機器中蘊藏原本以小規模市場為對象的商品，發展成社會上重大創新的可能性。

在此以下面案例作為本書的結尾，指出共感經營有可能打破日本企業的困境。

◎**參考案例 富士通Ontenna**

將聲音的大小轉換成振動和光線的強弱，傳達聲音的特徵。富士通發售的掌上型裝置約為六．五公分長，產品名稱叫做「Ontenna」。

Ontenna內建麥克風、振動器和LED，麥克風會在感應到聲音的同時搖晃振動，閃閃發亮。還可以透過通訊連接使用一種稱為控制器的裝置和多個Ontenna，只要按下控制器的按鈕，多個Ontenna就會同時振動。Ontenna附有一個夾子，能夠佩戴在頭髮、耳垂、衣領或袖子等處。

富士通將Ontenna免費分發給各地的聾啞學校，聽力障礙的兒童和學生，在音樂課時能憑著振動和光線感受到樂器和演奏的聲音，而在體育課則能憑著震動學習打到羽球的時機，授課的光景大幅改變，能夠聽見兒童和學生開心地說，「大家演奏的節奏都變得整齊了，好厲害」、「打羽毛球技巧變好了」。

老師也提出正向的反饋，「害怕發出聲音的孩子開始積極說話」、「原本對打擊樂器不感興趣的孩子開始迷上敲打」。

開發Ontenna的起因是一名員工加入富士通。本多達也，技術解決方案部門企業管理總部Ontenna專案負責人。

一切的開端是本多先生和兩個人的相遇。第一個人是本多先生在大學一年級時，在校慶上發現他迷路而為他帶路。對方是先天性聽覺障礙的聾啞人士，同時也是當地聾啞團體的會長。於是就在此機緣下開始學習手語，並與會長一起活動的同時深入交流。

另一個人則是本多先生在家電量販店兼差時，販售出一臺電視的顧客。直到碰巧在校園重逢後，才知道對方是自己就讀大學的教授。教授正在研究要怎麼藉由體幹感覺傳遞資訊至視覺障礙者。本多對於使用科技「擴張體幹感覺」感興趣，轉而將學分改成由此教授執鞭的課程，便以傳遞聲音資訊至聽力障礙者的方法為主題。這是他大學四年級時的事情。

剛開始策劃的是透過光線強弱傳遞聲音的裝置，不過會長說：「對於依賴視覺得到資訊的聾啞人士而言，增加新的視覺資訊會造成負擔。」因此，設計成透過振動傳遞聲音的機型就誕生了。另外，會長一句「看到頭髮在風吹之後飄動，就會知道風向」給了本多先生靈感，便設計成能用髮夾佩戴在神經敏感的頭髮上。

二〇一四年，本多先生就讀研究所的第二年，申請了「前人未至專案」（由獨立行政法人資訊處理促進會主辦）。這項專案會提供研究經費，旨在發掘和培訓未滿二十五歲的年輕科技人才。後來這項研究開發計畫以「這項主題潛藏的創新潛力足以帶來社會衝擊」為由通過，成為矚目的焦點，國內外都收到期望能實際應用的呼聲。

本多先生畢業後於某間公司任職。不過，要憑個人的力量繼續研究有限。就在這時，有人將他介紹給富士通的董事，於是本多先生表達這樣的想法：「我想把Ontenna商業化」、「我想要專門開發給聾啞學校的孩子」。這是他在研究這條路上遇到的第三個人。

「想讓未來的孩子能自身發展的可能性」，對於這種想法共感的董事立即回答：「要不要來我們公司？你可以放手去做。」於是，本多先生於二〇一六年一月進入富士通。他建立專案，並讓聽覺障礙者都參與其中，開始製作原型機。

這裡值得注意的是，本多先生在開發的同時，還幫忙向公司外部傳播富士通正在製造Ontenna的資訊，尋求和不同行業的人相遇、交流。

當時他特別致力於摸索和娛樂領域合作活用Ontenna的商業潛力。只要配戴

Ontenna觀看影片，也可以藉由振動感受背景音樂和影片當中的效果音。觀賞體育比賽時，則可以藉由振動親身感受場內的歡呼聲。Ontenna當中還蘊含了另一個想法：「製造出聽人也想使用的產品，而不是福祉機器，讓聾人和聽人一起享受聲音。這將是Ontena帶來的未來新型態。」

富士通開始收到來自電視臺、旅行社和其他機構「想在活動中使用」的提案。如果用途廣泛，就能夠進一步商業化。儘管公司內部也有擔心的聲音，但是本多先生跳過眾多持謹慎態度的中階員工，與產生共感的高層見面，不斷保證「沒問題」。

二〇一八年七月，高層決定將Ontenna商業化。由設計、開發和販賣電子裝置一手包辦的富士通電子公司承攬製造，建立大規模生產開發團隊。最重要的軟體，則由公司解決方案技術總部王牌級的專案負責人石川貴仁擔任。

當初興趣缺缺的石川先生，後來也對「想要開創無論障礙與否都能一起享受聲音的未來」這個想法共感。當整個團隊參訪聾啞學校，看到孩子們使用產品並留下深刻的印象後，便決定嘗試為期九個月的短期衝刺開發，直到二〇一九年三月為止。

製造原型機時，石川先生將本多先生抓握時的振動感規格化，再由聾啞學校使用原型機，獲得回饋的意見。接著重複以上循環，不斷尋找最能表現聲音模式的規格。石川先生回憶：「就算在極短時間內開發接連遇到困難，但若做出試作品拿到聾啞學校，孩子們會很高興。我們努力想要看到這些笑容。十三年來持續開發，這是最快樂的開發工作。」

二〇一六年六月，富士通決定在全國一〇六所聾啞學校中，免費分發十個Ontenna和一個控制器給想要的學校。翌年七月，開始透過購物網站販賣給個人。當時他們設想到這會用在各種活動當中，所以也開始提供體育和文化團體適用的租賃服務，或販售企業多個裝置成套的Ontenna。

桌球T聯盟的比賽上，將麥克風設置靠近桌球檯、接收連續對打的聲音，聾人和聽人都能藉由振動和光線的分享觀看比賽。此方法同樣也能應用在能劇舞臺上；而在東京車展上也規畫各種活動，像是藉由振動體驗引擎的聲音等。

目前，本多先生以國家專案研究的名義，使用人工智慧開發技術，開發出能配合使用目的、僅對特定頻率有反應的儀器。

雖然也有人邀請本多先生創業，但他沒有選擇自立門戶。他是這麼陳述原因的：「如果當時沒有進入企業，想必就沒辦法在這麼短的時間內製造出高完成度的產品。日本的大企業已經累積各種產品化技術，懷有目標、想要實現自身研究的年輕人，應該借助大公司的力量，同時讓思想成形，落實到社會上。我想作為開拓此路線的典範。」

Ontenna的案例解釋及本書總結

本多先生在對於聽覺障礙者的處境共感過程中，直觀到共存應有的本質，推導出跳躍性假設「聾人和聽人一起享受聲音的新未來」，推動開創未來的敘事策略。這是從第二人稱到第一人稱，再到第三人稱的發展。

像Ontenna這樣尖銳的創新通常來自於新創企業。對於大企業而言，即使產生革命性和具有獨特性的點子，也會因為各個部門和人員的壓力，而使他們變得無所適從。

那麼，為什麼富士通這家集團總員工數超過十三萬人的巨大組織，能夠做得出

Ontenna？

首先，富士通從外部招攬擁有想像未來能力的出色人才，開啟專案，保證對方思考和行動的自由。但由於公司內部的壓力，單憑這一點還不能隨心所欲推動專案。

值得注意的是領導者的行動方式。本多先生藉由公司內外的共感之力消除這股壓力。首先，他不只依靠組織的內部，還親自向外部發揮影響力。藉由傳播資訊提高Ontenna在社會的認知度，同時以娛樂領域為中心和各式各樣的人交流，使他們對於Ontenna可能實現的未來藍圖共感，開拓活用在商業上的潛力，採取由外攻內的策略。

另一方面，對內則是與恐懼Ontenna業務風險的階層保持距離，接近一定階層以上的人，尋求對Ontenna的共感，締結所謂「抓握」關係。其中蘊含著理想主義式的實用主義，既追求「聾人和聽人一起享受聲音的新未來」的理想，同時也要驅策政治手腕推動組織運轉。

尤其是以本多先生來說，他是以根植於公司內外共感的參照權活絡組織，而不是法制權或獎賞權。由此可以看出共感型領導者典型的作風。

另一件要注意的事情是，量產化的階段當中，提供概念的領導者本多與累積商業化技術和現場經驗的領導者石川先生相互交流，用共感連結不同性質的兩位人才。

石川先生將本多先生儲備的舒適振動內隱知識規格化，轉換成外顯知識。同性質的人無法產生出意想不到的成果，兩者異質才能藉由鬥智克服各種矛盾和挑戰。這顯示出領導者將個人的想法組織化和實現時，關鍵在於與自己互補的人才合作。

雖然Ontenna是一個微小的創新，但若能藉由振動和光線豐富感官、提升感質，擴散對於Ontenna世界的共感，就有可能轉變成對社會具有衝擊力的重大創新。

Ontenna的點子是在與富士通的董事相遇，站在共感的基礎上獲得全面支援，進而一併排除組織的壓力，方能在短時間內製成產品。這說明共感經營需要高層基於共感的支援。

這本書的案例也一樣。負責開發WRINKLE SHOT的末延女士，能夠壓制要求中止開發和變更方針的高層持續進行，也是因為POLA創辦人的孫子——鈴木鄉史總裁的共感所致。

「SKYACTIV引擎」的專案也一樣。人見先生的目標是世界第一高壓縮比，就在掀起「縮小尺寸優先於高壓縮比」的否定論調當中，新任的總經理上任，並表示：「我相信人見的技術，決心與他共存亡。」憑著這份共感重啟專案。這位總經理就是現在的副總裁藤原清志，號稱「SKYACTIV引擎的中心人物」。

農業女子也一樣。明明是非正式的頭銜，卻特准在公司的名片上這樣自稱，對活動共感的董事擔任職場導師支援，隨時隨地都可以越級磋商，迅速推動案件。

序章登場的麒麟公司田村前副總裁，他在擔任高知分店長時沒有遵循總公司的指示，持續一個人努力，所以當初跟總公司分析派的企畫部門之間產生衝突和摩擦。不過，最後連總公司的內部都普遍對高知分店的理念「想要盡量讓更多高知人開心」共感，出現幫忙加油打氣的啦啦隊，藉由共感鏈奪回夙願已久的市占率。

參照權根植於人與人的共感，勝於法制權、獎賞權和強制權。

組織當中的時間軸、空間軸、階層制和其他事物會產生壓力和阻力，而共感則是在排除這些阻礙的同時，提升相關人士的意識，藉由敘事策略將領袖和創新者的跳躍性假設導向實現，帶來創新。

前面談到，現今的日本企業喪失活力，陷入過度分析、過度計畫和過度遵守法令的「三大疾病」，組織能力持續弱化。這三大疾病將會為組織帶來壓力，摘掉創新的萌芽。共感的力量能排除此壓力，是共感經營的妙趣。

野中建立組織知識創造理論，構思出共享內隱知識，也就是以共感為原點的SECI模式，起因於以前所研究、一九八〇年代日本企業的商品開發，當時這些公司聲勢強大到被譽為「日本第一」。

其中有一種創新模式，是要在自我超越時與團隊成員相互共振、共感和共鳴，藉由共同創造挑戰個人能力的極限。

研究、開發、生產、銷售和其他各個部門相互延伸，或由各個部門彼此進入對方的領域，同時互相學習。供應商也需要從開發的早期階段起就參與其中，而非單純接受零件的訂單。野中將這個現象比喻為橄欖球的「列陣爭球」（scrum）。

正如這個橄欖球隱喻所象徵的一樣，聯繫眾人的是「一個團隊」（one team）的共感。

二〇一九年秋天，日本舉行世界盃橄欖球賽，日本代表隊的選手們各個全力以赴，組成一支傑出的團隊，面對彼此互相共感的模樣在日本掀起共感，並留下了深刻的印象。

人際關係的本質是共感。現在，是時候找回過去日本人視為創新原動力的共感能力，實踐共感經營。

後記

野中的研究主題之一是「從戰史中學習策略的本質」，以此題材來說，就是美國海軍陸戰隊的研究。海軍陸戰隊的主要任務是在戰時作為快速部署部隊派到最前線，展開水陸兩棲作戰，敵前登陸，為後續單位建造橋頭堡。

如果將作者十八年來持續連載「成功的本質」的取材方式，比喻為海軍陸戰隊的作戰方式，那麼記者勝見向受訪者提問，聽取專案內容，就像是在敵前登陸、打地面戰的地面部隊（海軍陸戰隊稱之為步槍手），如螞蟻一樣一步一步前進。

另一方面，管理學家野中則是聆聽受訪者說話的內容，以適切而精準的問題直切入本質，就如同從上空攻入的航空部隊，獵物在鷹眼下是逃不掉的。而責任編輯荻野進介先生則會從後方提供艦砲火力支援、補給和其他奧援。

作者的取材也以共感為本。我們對受訪者共感，直觀成功的本質，推導出跳躍性假設，擷取出與至今報導受訪者內容不同次元的敘事。

因此，受訪者在稿件發表之後常常會說：「這是我第一次看到有人下筆時如此準確地掌握內容，令人感到驚訝。」

例如當我們出版第一本系列叢書《創新的本質》時，收到海洋堂的總裁宮脇修一的評語。海洋堂是一間以食玩（點心附贈的玩具）受到矚目的企業，也是《創新的本質》中所收錄的案例之一。

「雖然受過各種雜誌多得像山的採訪，但幾乎都只觸及到表層，例如『只要熱情製造喜歡的東西就會紅』。不過在這本書當中，就和這些報導涇渭分明，準確指出海洋堂這家公司的『做法』和『想法』，讓人不得不佩服為什麼採訪一次就能分析和理解得如此透徹。即使聽到同樣的內容，理解和咀嚼也和其他報導有根本上的不同。這在從外界將海洋堂當成商務個案採訪的報導中獨樹一幟。」

「理解和咀嚼」的不同，想必原因就在於作者的「共感報導」。

作者也是以共感互相結交，內心深處就只有一個想法。這裡我們要說一則難忘的小故事。

那是作者前往九州山間的黑川溫泉出差取材時的事情。當時我們圍繞在村野間小旅館的圍爐邊喝完清酒之後，就去泡露天浴池，一邊看著滿天的星星，一邊進行這樣的交談。

勝見：「老師為什麼不斷鑽研管理學這門學問呢？」

野中：「……說到底還是因為我希望日本的經濟、企業及在此工作的人變得更有活力吧？」

勝見：「這一點我也完全一樣。」

我們想要振奮許多每天揮汗工作的人。對於在企業第一線奮鬥的人共感是始終不變的想法，衷心期盼這份共感可以傳達給拿起這本書的讀者。

之所以能夠持續連載整整十八年，是因為《Works》編輯部全面支援我們在最前線取材的判斷和行動。我們可以自由決定使用該系列的空間。該編輯部的總編石原直子和各工作人員，是令人放心的後方支援部隊。

關於共感（交互主觀性）的研究，如果沒有東洋大學名譽教授山口一郎和野中的共同研究，這本書就不可能成形。

野中研究室的川田弓子女士曾在一橋商學院專攻國際企業策略，由於她出色的協調能力，使得行程安排及其他工作順利完成。

值逢出版之際，繼前作《全員經營學：翻轉企業的DNA》（二〇一六年）之後，承蒙日經商業出版社（Nikkei BP）《日本經濟新聞》出版部總經理白石賢惠賜機會。另外，關於編輯方面，承蒙第一編輯部編輯委員堀口祐介的精準建議和支持，這本書才得以問世。堀口還職掌編輯野中和研究夥伴合著的系列作《戰略的本質》、《國家戰略的本質》和《智略的本質》。

另外，在此感謝我們的家人一如既往地在幕後，持續從日常生活範疇的健康面和精神面給予支持。

最後最重要的是，衷心感謝在百忙之中、為了我們的取材撥出寶貴時間詳談、在本書中登場的人物。如果沒有他們每天踏實認真面對工作、開創未來，我們就無法完成這本書。

我們想要把這本書獻給支持我倆的諸多人士。

二〇二〇年四月
野中郁次郎
勝見　明

參考文獻

1.《知識創造企業》（知識創造企業），野中郁次郎、竹內弘高著，一九九六年。
2.《創新的本質》，野中郁次郎、勝見明著，二〇〇六年。
3.《創新的做法》（イノベーションの作法），野中郁次郎、勝見明著，二〇〇九年。
4.《北京的蝴蝶，東京的蜜蜂：了解創新的最後一本書》，野中郁次郎、勝見明著，二〇一一年。
5.《全員經營》（全員経営），野中郁次郎、勝見明著，二〇一七年。
6.《知識機動力的本質》（知的機動力の本質），野中郁次郎著，二〇一七年。
7.《直觀的經營》（直観の経営），野中郁次郎、山口一郎著，二〇一九年
8.《智略的本質》（知略の本質），野中郁次郎、戸部良一、河野仁、麻田雅文著，

二〇一九年。
9.《現象學入門》（現象学ことはじめ），山口一郎著，二〇〇二年。
10.《亞當史密斯》，堂目卓生著，二〇一二年。
11.〈邁向策略的敘事取向〉（戦略への物語アプローチ），野中郁次郎、紺野登著，《一橋商務評論》，二〇〇八年夏季號。
12.〈藉由集體智慧共創與整合的策略敘事實踐理論〉（集合知の競争と綜合による戦略的物語りの実践論），野中郁次郎、廣瀬文乃著，《一橋商務評論》，二〇一四年冬季號。
13.〈鏡像神經元、共感、利他〉（ミラーニューロン・共感・利他），立木教夫著，《道德科學研究》第七八卷，二〇一六年。

實用知識 76

共感經營

從企業內部共鳴出發，建立消費者認同，拓展市場新商機

共感経営「物語り戦略」で輝く現場

作　　者：野中郁次郎、勝見明
譯　　者：李友君
責任編輯：李依庭
校　　對：李依庭、林佳慧
封面設計：萬勝安
美術設計：洪偉傑
寶鼎行銷顧問：劉邦寧

發 行 人：洪祺祥
副總經理：洪偉傑
副總編輯：林佳慧
法律顧問：建大法律事務所
財務顧問：高威會計師事務所
出　　版：日月文化出版股份有限公司
製　　作：寶鼎出版
地　　址：台北市信義路三段 151 號 8 樓
電　　話：(02)2708-5509　傳真：(02)2708-6157
客服信箱：service@heliopolis.com.tw
網　　址：www.heliopolis.com.tw
郵撥帳號：19716071 日月文化出版股份有限公司

總 經 銷：聯合發行股份有限公司
電　　話：(02)2917-8022　傳真：(02)2915-7212
印　　刷：中原造像股份有限公司
初　　版：2021 年 7 月
定　　價：360 元
ＩＳＢＮ：978-986-248-993-2

國家圖書館出版品預行編目資料

共感經營：從企業內部共鳴出發，建立消費者認同，拓展市場新商機／野中郁次郎、勝見明著；李友君譯．-- 初版．-- 臺北市：日月文化出版股份有限公司，2021.07
320 面；14.7 × 21 公分．--（實用知識；76）
譯自：共感経営：「物語り戦略」で輝く現場 れる 6 つのステップ

ISBN 978-986-248-993-2（平裝）

1. 企業經營 2. 企業管理

494.1　　110007553

日月文化集團
HELIOPOLIS
CULTURE GROUP
客服專線 02-2708-5509
客服傳真 02-2708-6157
客服信箱 service@heliopolis.com.tw

廣告回函
台灣北區郵政管理局登記證
北台字第 000370 號
免貼郵票

日月文化集團 讀者服務部 收

10658 台北市信義路三段151號8樓

對折黏貼後，即可直接郵寄

日月文化網址：**www.heliopolis.com.tw**

最新消息、活動，請參考FB粉絲團

大量訂購，另有折扣優惠，請洽客服中心（詳見本頁上方所示連絡方式）。

大好書屋　寶鼎出版　山岳文化

EZ TALK　EZ Japan　EZ Korea

日月文化集團
HELIOPOLIS
CULTURE GROUP

共感經營

感謝您購買 從企業內部共鳴出發，建立消費者認同，拓展市場新商機

為提供完整服務與快速資訊，請詳細填寫以下資料，傳真至02-2708-6157或免貼郵票寄回，我們將不定期提供您最新資訊及最新優惠。

1. 姓名：________________ 性別：□男 □女
2. 生日：______年______月______日 職業：
3. 電話：（請務必填寫一種聯絡方式）
   （日）________ （夜）________ （手機）________
4. 地址：□□□ ________________
5. 電子信箱：________________
6. 您從何處購買此書？□________縣/市________書店/量販超商
   □________網路書店 □書展 □郵購 □其他
7. 您何時購買此書？ 年 月 日
8. 您購買此書的原因：（可複選）
   □對書的主題有興趣 □作者 □出版社 □工作所需 □生活所需
   □資訊豐富 □價格合理（若不合理，您覺得合理價格應為________）
   □封面/版面編排 □其他________
9. 您從何處得知這本書的消息： □書店 □網路／電子報 □量販超商 □報紙
   □雜誌 □廣播 □電視 □他人推薦 □其他
10. 您對本書的評價：（1.非常滿意 2.滿意 3.普通 4.不滿意 5.非常不滿意）
    書名____ 內容____ 封面設計____ 版面編排____ 文/譯筆____
11. 您通常以何種方式購書？□書店 □網路 □傳真訂購 □郵政劃撥 □其他
12. 您最喜歡在何處買書？
    □________縣/市________書店/量販超商 □網路書店
13. 您希望我們未來出版何種主題的書？________
14. 您認為本書還須改進的地方？提供我們的建議？

預約實用知識，延伸出版價值